国家示范性高职院校建设项目成果系列

食品加工综合实训

主　编　杨国伟

副主编　马　越　苏东海

中国轻工业出版社

图书在版编目（CIP）数据

食品加工综合实训/杨国伟主编. —北京：中国轻工业出版社，2018.3
国家示范性高职院校建设项目成果系列
ISBN 978-7-5184-1684-4

Ⅰ.①食… Ⅱ.①杨… Ⅲ.①食品加工—高等职业教育—教材
Ⅳ.①TS205

中国版本图书馆 CIP 数据核字（2017）第 267792 号

责任编辑：贾　磊　　责任终审：劳国强　　封面设计：锋尚设计
版式设计：王超男　　责任校对：吴大鹏　　责任监印：张　可

出版发行：中国轻工业出版社（北京东长安街6号，邮编：100740）
印　　刷：三河市万龙印装有限公司
经　　销：各地新华书店
版　　次：2018年3月第1版第1次印刷
开　　本：720×1000　1/16　印张：11.75
字　　数：230千字
书　　号：ISBN 978-7-5184-1684-4　定价：36.00元
邮购电话：010-65241695
发行电话：010-85119835　传真：85113293
网　　址：http://www.chlip.com.cn
Email：club@chlip.com.cn
如发现图书残缺请与我社邮购联系调换
091111J2X101ZBW

本书编写人员

主　　编：杨国伟（北京电子科技职业学院）
副主编：马　越（北京电子科技职业学院）
　　　　苏东海（北京电子科技职业学院）
参　　编：（按姓名汉语拼音排序）
　　　　李晓燕（北京电子科技职业学院）
　　　　刘　卉（北京电子科技职业学院）
　　　　刘俊英（北京电子科技职业学院）
　　　　鲁　军（中国食品发酵工业研究院）
　　　　马长路（北京农业职业学院）
　　　　彭　坚（北京市经济管理学校）
　　　　宋金慧（北京电子科技职业学院）
　　　　吴志明（北京电子科技职业学院）

前　　言

本教材是根据高等职业院校食品专业人才培养目标和规格要求，按照食品专业教学理论与实践有机结合的原则编写的。内容包括焙烤制品、蛋与蛋制品、肉制品、乳制品、软饮料、酒类制品、调味制品、食品添加剂、果蔬制品共 9 部分，涉及 84 个实训项目，强调专业实践技能的培养和综合实践技能的提高，各学校可根据专业方向和实验条件进行选做。

本教材的主要特色是理论内容结合生产实际，根据对从事专业领域实际工作的知识要求和技能要求，以岗位技能需要为原则进行编写，突出职业素养的培养和实践技能的提高，提升学生的实践操作技能和解决问题的能力。

本教材由杨国伟担任主编，马越、苏东海担任副主编。具体编写分工：项目一由吴志明编写，项目二由马越、马长路编写，项目三由马越、刘卉、杨国伟编写，项目四由刘俊英、宋金慧、杨国伟编写，项目五由鲁军、马越、彭坚编写，项目六由杨国伟、彭坚编写，项目七由杨国伟、苏东海编写，项目八由苏东海、杨国伟编写，项目九由李晓燕、苏东海、马越编写。

本书可作为高等院校、成人教育、各类职业教育的食品及其相关专业教材，也可作为食品生产企业工程技术人员的技术参考书和企业员工的技术培训教材。

鉴于编者知识水平和生产经验有限，书中不妥之处恳请广大读者批评指正。

编　者

目 录

1	**项目一**	**焙烤食品加工实训**
1	实训一	面包加工
5	实训二	快速发酵法加工主食面包
7	实训三	二次发酵法加工主食面包
9	实训四	派类制品和丹麦酥油面包加工
11	实训五	蛋糕加工
18	实训六	酥性饼干加工
22	**项目二**	**蛋与蛋制品加工实训**
22	实训一	蛋的新鲜度检验
26	实训二	蛋的物理性质检验
28	实训三	蛋粉油量及游离脂肪酸的测定
30	实训四	皮蛋加工
33	实训五	咸蛋加工
34	实训六	蛋黄酱加工
37	**项目三**	**肉制品加工实训**
37	实训一	腊肉加工
39	实训二	烧鸡加工
40	实训三	五香牛肉加工
42	实训四	熏鸡加工
43	实训五	烤鸭加工
45	实训六	灌肠加工
47	实训七	干肉制品加工

49	实训八	肠衣加工
52	实训九	混合肉香肠加工
53	实训十	发酵香肠加工

57	**项目四**	**乳制品加工实训**
57	实训一	发酵酸乳的加工
59	实训二	冰淇淋与雪糕的加工
62	实训三	干酪加工
66	实训四	消毒乳加工
68	实训五	乳饮料加工
71	实训六	发酵剂的制备
74	实训七	乳的真空浓缩
75	实训八	乳的喷雾干燥

78	**项目五**	**软饮料加工实训**
78	实训一	果汁饮料加工
80	实训二	植物蛋白饮料加工及其稳定性测定
83	实训三	固体饮料加工
85	实训四	果汁乳饮料加工
87	实训五	果味碳酸饮料加工
89	实训六	山楂果肉汁饮料加工

92	**项目六**	**酒类制品加工实训**
92	实训一	小麦萌发前后淀粉酶活力的测定
94	实训二	麦芽汁的制备

96	实训三　糖化操作
98	实训四　酵母菌扩大培养
99	实训五　啤酒生产
101	实训六　啤酒酒精度的测定
102	实训七　啤酒色度的测定
104	实训八　啤酒中总酸的测定
105	实训九　酿酒酵母细胞固定化与酒精发酵
107	实训十　啤酒双乙酰含量的测定
108	实训十一　酵母的分离纯化
110	实训十二　葡萄酒生产
113	实训十三　果酒中单宁的测定
114	实训十四　葡萄酒中总糖的测定
117	实训十五　白酒酿造
118	实训十六　白酒中甲醇的测定
120	实训十七　白酒酒精度的测定
122	实训十八　白酒中杂醇油的测定
124	**项目七　调味制品加工实训**
124	实训一　豆腐乳加工
126	实训二　毛霉的分离纯化
127	实训三　酱油种曲孢子发芽率的测定
129	实训四　酱油种曲孢子数的测定
131	实训五　酱油中氨基酸态氮含量的测定
132	实训六　酱油及盐渍品中食盐的测定
133	实训七　醋醪中醋酸菌的分离
134	实训八　食醋酿造
136	实训九　淀粉酶解糖液的制备
137	实训十　谷氨酸发酵

141	**项目八　果蔬制品加工实训**
141	实训一　复合果蔬汁饮料加工
143	实训二　果蔬固体饮料加工
144	实训三　果蔬含片加工
146	实训四　果蔬脆片加工
148	实训五　蜜饯制品加工
149	实训六　果酱制品加工
153	实训七　腌渍制品加工
156	实训八　罐头制品加工
158	实训九　果蔬的干制复水
160	实训十　果蔬加工中的护色
162	实训十一　果蔬制品中总二氧化硫的测定
164	实训十二　2,6-二氯酚靛酚滴定法测定果蔬中的维生素C
167	**项目九　食品添加剂实训**
167	实训一　常用食品甜味剂、酸味剂及其性能比较
168	实训二　常用食品乳化剂及其性能比较
169	实训三　果冻加工
171	实训四　明胶软糖加工
172	实训五　常用食品着色剂性能比较
173	实训六　柑橘果胶的提取
175	实训七　甜橙香精油的提取
175	实训八　乳化剂的性能测定
177	**参考文献**

项目一 焙烤食品加工实训

实训一 面包加工

一、实训目的

1. 熟悉主食面包生产的基本原理、工艺流程和操作方法。
2. 熟悉面团改良剂对改善面包品质的作用。

二、实训原理

利用小麦粉中所含的淀粉和糖类,在外加 α-淀粉酶和小麦粉中存在的 β-淀粉酶的作用下,分解淀粉生成葡萄糖和麦芽糖,供给酵母菌生长繁殖,产生二氧化碳,从而使面包体积膨大,获得柔软的质地、蓬松的组织、良好的内相,经过烘烤后产生怡人的颜色、香气、香味,得到成品面包制品。

三、材料与设备

1. 材料

面粉、水、干酵母、食盐、白砂糖、鸡蛋、黄油、乳粉、蔗糖酯。

2. 设备

搅面机、压面机、醒发箱、面团分割机、远红外电烤炉、案板、刮板、发酵箱、温度计、台秤、面包烤模、烤盘、塑料袋、排笔。

四、实训步骤

(一) 甜面包的制作(一次发酵法)

1. 配方(以 g 计)

面粉	1000	黄油	80
水	400	鸡蛋	100
干酵母	15	乳粉	30
食盐	12	蔗糖酯	15
白砂糖	200		

2. 工艺流程

面粉、白砂糖、酵母、乳粉、水等→|调制面团|→|发酵|→|分割称量|→|搓团|→|静置|→|成型|→|醒发|→|烘烤|→|冷却|→成品

3. 操作要点

（1）面团调制

①将水、白砂糖、鸡蛋、甜味剂、面包添加剂（除特殊说明）置于搅拌机中，除油脂、食盐及乳化剂（蔗糖酯）外，其余材料放入搅拌缸（水温，18～20℃，必要时需加入冰块），以钩状搅拌器用低速挡开始搅拌。

②将乳粉、干酵母与面粉混合，放入搅拌机，低速挡搅拌至"拾起阶段"，然后将速度切换成中速挡（拾起阶段的面团，粗糙而无弹性及延展性）。

③搅拌至"扩展阶段"加入油脂及乳化剂（扩展阶段的面团较为光滑有弹性，但用手拉面团仍易断裂）。

④当油脂、乳化剂和面团混合均匀后，加食盐搅拌。一般在面团中的面筋已经扩展，但还未充分扩展或面团搅拌完成前的5～6min加入食盐。

⑤搅拌至"完成阶段"，此阶段的面团因面筋已充分扩展，具有良好的伸展性及弹性。以手拉开面团呈光滑的薄膜状，而且断裂时为光滑的圆洞，而非锯齿状，此阶段为最佳程度。

⑥先在钢盆中涂油，将面团移出搅拌缸，稍滚圆置于钢盆，并测量面团搅拌终温，以26～28℃为最佳。

（2）发酵 温度28～30℃，相对湿度75%～85%的发酵箱中发酵，时间约为90min。

（3）分割、成型、搓圆 将发酵好的面团分割成60g的小面团，揉圆后醒发20min。也可直接做成圆形，或夹入馅料。

（4）醒发 装有生坯的烤模，置于醒发箱内，箱内温度为35～38℃，相对湿度为80%～85%，进行醒发。醒发时间为45～60min，观察生坯发起的最高点，略高出烤模上口即醒发成熟，立即取出。

（5）烘烤 用排笔刷蛋水，入上火180℃、下火160℃的炉中，约烤10min。

（6）冷却 出炉的面包待稍冷后脱出烤模，置于空气中自然冷却至其中心温度下降至32℃，整体水分含量为38%～44%。冷却后的面包可用塑料袋进行包装。

（二）标准土司面包的制作（二次发酵法）

1. 配方（以g计）

种子面团		主面团	
高筋面粉	700	高筋面粉	300
干酵母	0.8	糖	50
改良剂	1	食盐	20
水	400	乳油	50
		脱脂乳粉	20
		水	250

2. 工艺流程

水、面粉、干酵母、改良剂→调制面团
↓
第一次发酵
↓
面粉、糖、乳粉等→调制面团→第二次发酵→切割称量→搓团→醒发→
整形→醒发成型→烘烤→冷却→成品

3. 操作要点

（1）调粉

①种子面团的调制：第一次搅拌时，将配方中的面粉、水及配方中的干酵母、改良剂全部倒入缸中。装好钩状搅拌器，低速挡搅拌 3～5min。面团表面呈微光滑而均匀时，即可放入发酵箱，面团温度最好为 25℃（发酵箱的温度控制为 26～28℃、相对湿度为 75%），发酵至面团为原体积的 4～5 倍大，所需时间为 3.5～4.5h。种子面团不必搅拌时间太长，也不需要面筋充分形成，其主要目的是扩大酵母的生长繁殖能力，增加主面团和醒发的发酵潜力。可将面团搅拌稍软、稍稀一些，以利酵母生长，加快发酵速度。搅拌后面团温度应控制在 24～26℃。

②主面团的调制：第二次搅拌时，先将发酵好的种子面团放入搅拌缸，一般是在其余的面粉还未放入前，先向种子面团中加入一部分水，然后高速搅拌 1～2min 使之破碎后，添加配方中剩余的材料（油脂除外）一起搅拌。待面团进入"扩展阶段"时，再加入配方中的油脂，继续搅拌。使用中速挡搅拌面筋至"完成阶段"即可，搅拌后的面团理想温度为 26～28℃。

（2）发酵　面团置于温度为 27～30℃、相对湿度为 75%～85% 的醒发箱中发酵，面团中心温度不超过 32℃。静置发酵 40～60min，观察发酵成熟即可取出。

（3）整形　发酵好的面团按要求切成面坯，用手搓圆，挤压除去面团内的气体，按产品形状制成不同形式，装入事先涂有一层油脂的烤模中。

（4）醒发　装有生坯的烤模，置于调温、调湿箱内，箱内温度为 28℃ 左右，相对湿度为 85% 左右，进行醒发。醒发时间为 20～30min，观察生坯发起的最高点,略高出烤模上口,即醒发成熟,立即取出。

(5) 烘烤 取出的生坯立即置于烤盘上,入炉前可用排笔蘸蛋液在面坯表面刷一层蛋液,以使烘烤后面包表面生成光亮的深棕黄色。然后推入炉温已预热至200℃左右的烤箱内烘烤。入炉后将炉温调至上火180℃、下火190℃,烘烤15~20min,然后观察判断面包的成熟情况,至面包烤熟,立即取出。

(6) 冷却:出炉的面包待稍冷后脱出烤模,置于空气中自然冷却至其中心温度下降至32℃,整体水分含量为38%~44%。冷却后的面包可用塑料袋进行包装。

五、实训结果

对所生产面包品质进行观察分析,参照下列标准对产品进行打分评价。

1. 外观(40分)

(1) 体积按比容评价(10分为满分,标准8分)

$$比容 = \frac{面包体积(mL)}{面包质量(g)}$$

(2) 面包皮色(10分满分,标准8分) 表面呈有光滑性金黄色或棕黄色,四周底部呈黄色,不焦不浅,不发白。

(3) 面包皮质(10分满分,标准8分) 表面光滑,无硬皮,无裂缝。

(4) 外形(10分满分,标准8分) 外形饱满、完整,表面光滑、无破损,空洞大小适宜。

2. 内部质构(60分)

(1) 内部组织(10分满分,标准8分) 面包的断面呈细密均匀的海绵状组织,无大孔洞,富有弹性;蜂窝大小一致,蜂窝壁厚薄一致,以壁薄光亮者为佳。

(2) 面包瓤颜色(10分满分,标准8分) 以颜色浅有光泽为好。

(3) 触感(10分满分,标准8分) 手感柔软,有弹性者为好。

(4) 口感(10分满分,标准8分) 口感柔软适口,不酸、不黏、无牙碜。

(5) 口味(15分满分,标准12分) 具有产品的特有风味,鲜美可口无酸味、无异味,有小麦粉原有的味道。

(6) 气味(5分满分,标准4分) 有正常面包的香味和酵母味,无异味。

六、思考题

1. 什么是面团调制?简述面团形成的基本过程。
2. 面团发酵的机理是什么?影响面团发酵的因素有哪些?
3. 通过对加工面包的综合分析评价,结合实训讨论面包生产中易出现的问题及如何提高面包品质。

实训二　快速发酵法加工主食面包

一、实训目的

1. 学会快速发酵法制作面包的基本工艺和配方，掌握面包加工的基本理论。
2. 学会快速发酵法加工面包的基本技能和面包品质评价的一般方法。

二、实训原理

同本项目实训一。

三、材料与设备

1. 材料

面粉、白砂糖、食盐、酵母、起酥油、乳粉、白醋、添加剂。

2. 设备

调粉机、发酵箱、电烤炉、烤盘、台秤、面盆、切面板、面棒、操作台、压面起酥机。

四、实训步骤

1. 配方（以 g 计）

面包专用粉	100	乳粉	2
活性干酵母	1.5	添加剂	0.5
食盐	1.8	食用白醋	适量
白砂糖	5	水	60~65
起酥油	5		

2. 工艺流程

原料→调粉→压片→分割→整形→成型发酵→烘烤→冷却→包装→成品

3. 操作要点

（1）原料的称量　按配方称量各种原料。

（2）调粉　首先将水、白砂糖、添加剂、食用白醋加入调粉机中，搅拌均匀、实物料溶化。加入事先混合好的面粉、活性干酵母和乳粉进行搅拌，低速挡 3min，高速挡 3min；加入油脂，低速挡 2min，高速挡 2min，加入食盐低速挡 1min，高速挡 2~3min。将面团取出放在操作台上，测量温度，面团温度应为 30℃。

（3）压片　使用压面起酥机将面团立即进行压片（面团过大可分成每块 2kg 左右），压至光滑、细腻为止；最后将面片压成薄片（注意在压面过程中，在面片的表面撒上适量的干面粉，以免黏连机械）。

（4）分割　将压好的面片放在操作台上，用面棒将两边压薄，将面片从一端卷起，卷成圆筒状，然后进行分割，每块150g。

（5）整形　面团用手搓圆，并摆放在事先涂好油的烤盘或模具内。

（6）成型发酵　将成型的制品放入发酵箱内，进行发酵。温度为38～40℃，相对湿度80%～85%，发酵80～90min。

（7）烘烤　经成型发酵的制品，放入烤炉中烘烤。上火180℃，下火200℃，烘烤25～35min。

（8）冷却　经烘烤的制品从烤炉中取出，摆放在塑料箱中，在室温下冷却。

五、实训结果

1. 面包失水率的计算

$$失水率 = \frac{烘烤后面包质量}{烘烤前面团质量} \times 100\%$$

2. 面包比容的计算

同本项目实训一。

3. 面包质量的鉴定

（1）色泽鉴别

良质面包——表面金黄色至棕黄色，色泽均匀一致，有光泽，无烤焦、发白现象存在。

次质面包——表面呈黑红色，底部为棕红色，光泽略差，色泽分布不均。

劣质面包——生、煳现象严重，或有部分因发霉而呈现灰斑。

（2）形状鉴别

良质面包——圆形面包必须是凸圆的，听型的面包截面大小应相同，其他的花样面包都应整齐端正，所有的面包表面均向外鼓凸。

次质面包——略有些变形，有少部分黏连处，有花纹的产品纹路不清晰。

劣质面包——外观严重走形，塌架、黏连都相当严重。

（3）组织结构鉴别

良质面包——切面上观察到气孔均匀细密，无大孔洞，内质洁白而富有弹性，果料散布均匀，组织蓬松似海绵状，无生心。

次质面包——组织蓬松暄腾的程度稍差，气孔不均匀，弹性也稍差。

劣质面包——起发不良，无气孔，有生心，不蓬松，无弹性，果料变色。

（4）气味和滋味鉴别

良质面包——食之暄腾，不黏牙，有该品种特有的风味，而且有酵母发酵后的清香味道。

次质面包——柔软程度稍差，食之不利口，应有的风味不明显，稍有酸味但可接受。

劣质面包——黏牙，不利口，有酸味、霉味等不良异味。

六、思考题

1. 快速发酵法的基本原理是什么？
2. 为什么快速发酵法面团的调制温度比一次、二次发酵法高？
3. 采用快速发酵法时，为什么要增加酵母的用量？
4. 快速发酵法为什么要使用少量食用白醋？如何添加到面团中？
5. 快速发酵法的调粉时间为什么要比其他方法稍长？
6. 快速发酵法为什么要采用后盐法？有什么优点？
7. 快速发酵法的生产周期（从各种原料的称量到出炉）需要多少时间？
8. 调制面团时为什么后加入油脂？

实训三　二次发酵法加工主食面包

一、实训目的

1. 掌握二次发酵法制作主食面包的基本工艺和配方，掌握主食面包加工的基本理论。
2. 学会二次发酵法加工主食面包的基本技能和面包品质评定的一般方法。

二、实训原理

同实训一。

三、材料与设备

1. 材料

面粉、白砂糖、食盐、干酵母、起酥油、乳粉、鸡蛋、乳化剂。

2. 设备

和面机、发酵箱、醒发箱、电烤炉、烤盘、台秤、面盆、切面板、面棒、操作台。

四、实训步骤

1. 配方（以 g 计）

种子面团		主面团	
高筋粉	70	高筋粉	30
活性干酵母	0.5	白砂糖	6
乳化剂	0.5	食盐	1.5

续表

种子面团		主面团	
水	42	乳粉	2
		起酥油	5
		全蛋（去壳）	10
		水	18~20

2. 工艺流程

其他原辅材料
↓
原料→种子面团调制→种子面团发酵→主面团调制→主面团发酵→分割→搓圆→静置→整形→成型发酵→烘烤→冷却→包装→成品

3. 操作要点

（1）原料的称量　按配方称量各种原料。

（2）种子面团调制　将干酵母与面粉混合后放入和面机，加入经计量和调温的水，温度30℃，进行搅拌，低速挡3min，高速挡5~8min。理想面团温度为24℃。

（3）种子面团发酵　将面团放在涂过油的发酵箱内，温度28℃，相对湿度60%~70%，发酵4~6h。

（4）主面团调制　将乳粉、面粉混合均匀后放入和面机内，并加入发酵好的种子面团。另取一容器将白砂糖、添加剂、鸡蛋与水一起充分搅拌，使颗粒融化，分散均匀后倒入调粉机内，进行搅拌，低速挡3min，高速挡3min，加入油脂，低速挡3min，高速挡3min，加入盐后，高速挡3~5min，理想面团温度为28℃。

（5）主面团发酵　将调制好的面团移入发酵箱内，温度28℃，相对湿度60%~70%，发酵40~60min。

（6）分割、搓圆和静置　将发酵好的面团分割成小制品每块50g，大制品每块250g，用手搓圆并摆放在醒发箱内，加盖，室温下静置20min。

（7）整形　小型制品使用面棒成型，或者用手搓条编花成型，并摆放在烤盘内。大型制品用面棒擀成面片，卷成圆柱形摆放在事先涂好油的模具内。

（8）成型发酵　将成型的制品放入发酵箱内，进行发酵。温度为38℃，相对湿度80%~85%，小型制品发酵时间60min左右；大型制品发酵80~90min。

（9）烘烤　经成型发酵的制品，表面涂蛋液，放入烤炉中烘烤。小型制品烤炉温度上火180~190℃，下火180℃，烘烤15~20min。大型制品上火180℃，下火230℃，烘烤25~35min。

（10）冷却　经烘烤的制品从烤炉中取出，摆放在塑料箱中，在室温下冷却。

五、实训结果

同本项目实训二,计算面包失水率和比容,进行面包质量鉴定。

六、思考题

1. 种子面团中为什么不加入糖和盐?
2. 如何使用面团改良剂,应在何时添加?
3. 如何使用酵母营养剂,应在何时添加?
4. 二次发酵法制造面包时,酵母的用量为什么比其他方法少?
5. 有哪些方法能判断种子面团是否发酵成熟?
6. 种子面团在发酵时是否需要揿粉?
7. 种子面团和主面团中使用面粉的比例分别为 50∶50、60∶40、80∶20,是否都可以加工出良好的面包?
8. 种子面团中面粉比例的增加,对面包内部颜色、组织柔软度、外观、体积、主面团发酵时间、主面团搅拌时间有什么影响?
9. 哪些因素影响种子面团的发酵效果?
10. 种子面团发酵适度,而主面团发酵不足,对面包质量有何影响?
11. 成型发酵的温度过高,对面包质量有何影响?

实训四 派类制品和丹麦酥油面包加工

一、实训目的

1. 学会派类制品和丹麦酥油面包的基本工艺、配方和加工的基本理论。
2. 学会派类制品和丹麦酥油面包加工的基本技能和品质评定的一般方法。

二、实训原理

派类制品的蓬松是由于经辊压起酥的面团,经烘烤,其中的水分汽化蒸发、油脂溶化使得制品蓬松起来。丹麦酥油面包制品的蓬松除了水和油脂的作用外,还存在酵母产生二氧化碳的作用。

三、材料与设备

1. 材料

面粉、白砂糖、食盐、干酵母、起酥油、麦淇淋、鸡蛋、添加剂。

2. 设备

调粉机、发酵箱、电烤炉、压面起酥机、烤盘、台秤、面盆、切面板、面棒、操作台。

四、实训步骤

1. 配方（以 g 计）

派类制品配方		丹麦酥油面包配方	
高筋面粉	90	高筋面粉	120
低筋面粉	10	低筋面粉	10
麦淇淋	60	活性干酵母	4
白砂糖	2	麦淇淋（起酥用）	50
食盐	1.8	白砂糖	100
水	50	食盐	4.0
		无盐黄油	30
		全蛋（去壳）	25
		水	60

2. 工艺流程

原料→调粉→冷藏→压延起酥→冷藏→压延起酥→冷藏→过夜→压延→分割→整形→成型发酵→烘烤→冷却→成品

3. 操作要点

（1）调粉　面粉和油脂在使用前 4～5h，放入冷藏箱冷藏。调粉时除油脂外，将其他原料放入调粉机进行搅拌，低速挡 4min，加入油脂，再低速挡 2min，面团温度应为 17～18℃。使用压面起酥机，将面团压延成面片，放入冷藏箱 0～4℃保存 3～18h（丹麦酥油面团进行低温发酵）。

（2）压延起酥　将冷藏发酵的面片从冷藏箱取出，派面片直接进行压延，丹麦酥油面片中间裹入起酥用麦淇淋，将面团对折，包住麦淇淋，轻轻压实重叠处。将裹了麦淇淋的面片擀成长方形的大片，右边的 1/3 折过来，再把左边的折过来，这样就完成了一次三折。放入冷冻箱 -16℃下冷藏 30～60min。将松弛好的面片取出，重复一次三折，即完成两次三折。经多次压延起酥的面块，放入冷冻箱保存过夜。

（3）分割、整形　将冷冻保藏的起酥面块取出，压延成 2.5mm 厚的面片，派面片根据产品的不同用模具切成圆形，或者用刀切成正方形。丹麦酥油面包面片也要根据产品的不同切成各种形状。如加工羊角面包时切成长 11cm、高 7.5cm 的三角形面片，用手从三角形的底端向顶端卷制。成型的制品摆放在烤盘中。其他产品根据要求加入填充料或装饰料进行成型。

（4）成型发酵　丹麦酥油制品需要经成型发酵，温度为30℃、相对湿度为75%条件下，发酵40～50min。派制品无须经发酵工序，直接进行烘烤。

（5）烘烤　经成型发酵的制品，入炉前在表面涂蛋液后，放在烤炉内进行烘烤，上火200℃，下火180℃，烘烤8～10min。

（6）冷却　经烘烤的制品从烤炉中取出，摆放在塑料箱中，在室温下冷却。

五、实训结果

同本项目实训二，计算面包失水率和比容，进行面包质量鉴定。

六、思考题

1. 派制品和丹麦酥油面包制品在配方和工艺上有什么不同？
2. 派和丹麦酥油面团的调制时间为什么比其他制品调制时间短？
3. 压延工序在派和丹麦酥油面包加工工艺中有什么作用？
4. 压延质量的优劣对制品的品质有何影响？
5. 为什么压延过程中需要把面片多次放入冷冻箱冷却？
6. 派面团中不含酵母和化学疏松剂，为什么经过烘烤可以得到酥松的质构？
7. 丹麦酥油制品的成型发酵温度和湿度为什么与普通面包制品不同？
8. 经过压延起酥的派面块为什么要放在冷冻箱中保存过夜，第二天再进行成型加工？
9. 压延起酥用麦淇淋，是否可以用起酥油来代替？其原因是什么？

实训五　蛋糕加工

一、实训目的

1. 掌握蛋糕加工的工艺流程，了解物理膨松面团的膨松原理和面团调制方法。
2. 了解生产蛋糕的主要原料及其工艺作用。

二、实训原理

清蛋糕糊的加工原理是依靠蛋白的发泡性。蛋白在打蛋机的高速搅打下，蛋液卷入大量空气，形成了许多被蛋白质胶体薄膜所包围的气泡。随着搅打不断进行，空气的卷入量不断增加，蛋糕体积不断增加。刚开始气泡较大而透明，并呈流动状态，空气泡受高速搅打后不断分散，形成越来越多的小气泡，蛋液变成乳白色细密泡沫，并呈不流动状态。气泡越多越细密，加工的蛋糕体积越大，组织越细致，结构越疏松柔软。

油蛋糕糊的加工除使用鸡蛋、糖和小麦粉外，还使用相当数量的油脂以及少量的化学疏松剂，主要利用油脂具有搅打充气性，当油脂被搅打时能融合大量空气，形成无数气泡，这些气泡被油膜包围不会逸出，随着搅打不断进行，油脂融和的空气越来越多，体积逐渐增大，并和水、糖等互相分散形成乳化状泡沫体。

三、材料与设备

1. 材料

鸡蛋、白砂糖、色拉油、面粉、泡打粉、香兰素、水、蛋糕油、塔塔粉、牛乳等。

2. 设备

食品搅拌机（打蛋机）、远红外线电烤炉、烤盘、蛋糕烤模、台秤、面筛、面盆、模具、封口机。

四、实训步骤

（一）海绵蛋糕的制作

1. 配方（以 g 计）

鸡蛋	500	低筋面粉	400
白砂糖	400	水	15
色拉油	25	香兰素	少许
泡打粉	适量		

注：调制面糊时，可加入少许泡打粉，使膨松效果更好，这样面团就成了化学膨松面团；加入的白砂糖量可根据需要略做调整。

2. 工艺流程

原料称量→加鸡蛋液、白砂糖→高速搅打起泡→加面粉拌匀→浇模→放入烤盘→180℃烘烤（烤箱预热至180℃）→出炉→脱模→冷却→包装→成品

3. 操作要点

（1）打蛋 鲜鸡蛋去壳后，加糖在打蛋机中混合，使糖粒基本溶化，再用高速挡搅打至蛋液呈乳白色，有泡沫出现，加少许水、香兰素继续搅打至泡沫稳定、呈黏稠状时停止（以搅打痕迹在停止搅打后尚能停数秒钟才下沉为最佳）。打发的程度比原容积增加 1.5~2 倍，时间为 15~25min。

（2）调糊 将泡打粉、低筋面粉（或中筋粉掺20%左右的玉米淀粉）一起过筛，再将泡打粉、低筋面粉小心地拌入蛋浆至无粉块即可。

（3）注模 将调好的蛋糕注入已涂过油的烤模中，高度约占烤模的 2/3。

（4）烘烤 将注入蛋糊的烤盘放入已预热到180℃的烤箱中烘烤。采用先低温后高温的烘烤方法，开始下火温度高，至10min左右加大上火温度，炉温为180~220℃，烘烤时间为15~20min，烘烤至棕黄色即成。

（5）冷却　烘烤结束后立即取出，出炉后稍冷却，然后脱模，再继续冷却，包装。

4. 注意事项

（1）蛋液的打发程度为比原容积增加 1.5~2 倍，打蛋速度和时间应根据蛋的品质和温度而定，蛋的黏度低，气温高，转速快些，时间短些；反之时间长些。打蛋温度一般在 25℃ 左右，时间 20min 左右。

（2）面粉宜采用低筋粉，如果没有低筋粉，可用等量的玉米淀粉代替部分面粉。使用的鸡蛋要新鲜。

（3）无论机器或人工打蛋，都要顺着一个方向搅打，有利于空气顺序而均匀地吸入。打蛋时，蛋液必须和糖一起搅打，糖的加入能使蛋白膜黏稠而富有弹性，不易破裂，提高了泡沫的稳定性。

（4）油脂有消泡作用，能使气泡破裂，影响起发，因此打蛋时蛋液、搅打工具和容器不能沾油。

（5）蛋糊打好后，进行调粉（拌粉）制成蛋糕糊，小麦粉应预先过筛以打散其中的团块，也能混入一部分空气。如需使用发粉，可以先与小麦粉混合。操作时，要轻轻地混合均匀，机器开低速挡，如搅拌速度快，时间过长，面粉容易起筋，制品内部存在无孔隙的僵块，外表不平。最后，调制出的蛋糕糊要均匀，无白粉块存在，又不能起筋。

（6）调制好的蛋糕糊要及时使用，不要放置过久，因胀润后的粉粒和溶化的糖粒相对密度大于蛋液，容易下沉，发生如下现象：上层制品体积大而轻，下层制品体积小而重，俗称"沉底现象"。在气温高时更容易出现这种现象，要求面糊调好后及时入模烘烤或蒸制。

（7）面糊入炉前，烤炉要预热到所需要的烘烤温度。烘烤过程中，要避免剧烈地震动，防止面糊下陷，影响胀发成熟。烘烤蛋糕的温度和时间与蛋糕糊的配料密切相关。比如在相同的烘烤条件下，油蛋糕要比清蛋糕温度略低，时间也长一些。因为油蛋糕的油脂用量大，配料中各种干性原料较多，含水量较少，面糊干燥、坚韧，如果烘烤温度高，时间短，就会发生内部未熟，外部烤煳的现象。而清蛋糕的油脂含量少，组织松软，易于成熟，焙烤时要求温度高一点，时间短一些。

（8）正确选择模具　常用模具的材料是用不锈钢、马口铁、金属铝制成的。其形状有圆形、长方形、桃心形、花边形等，还有高边和低边之分。选用模具时要根据制品特点及需要灵活选择，如蛋糊中油量含量较高，制品不易成熟，选择模具时不宜过大。相反，清蛋糕的蛋糊中油脂成分少，组织松软，容易成熟，选择模具的范围比较广泛，可根据需要掌握。

（9）注意蛋糕糊的充量标准　蛋糕糊的填充量是由模具的大小决定的。蛋糕糊的填充量一般以模具的 7~8 成满为宜，因为蛋糕类制品在成熟过程中继续胀发。如果蛋糕糊充量过多，加热后容易使蛋糕溢出模具，影响制品的外形美观，造成蛋糕糊料的浪费。相反，模具中蛋糕充量过少，制品在成熟过程中，坯料内水分挥发过多，也会影响蛋糕制品的松软度。

（10）蛋糕烤熟与否测试法　蛋糕烤熟与否可用手指按其表面测试，这是比较方便而准确的方法。手指轻按蛋糕中间，如果表面留有指痕或感觉里面仍柔软浮动，而且隐约有沙沙声就是没熟。如果按下去感觉有弹性就是熟了。蛋糕熟后，就可取出放凉，准备装饰。

蛋糕烤焙时不宜多次拉出炉门做焙烤状况的判断，以免面糊受热胀冷缩的影响而使面糊下陷，影响甚大。因此可由下列辅助判断法来测试：

①眼试法：烤焙过程中待面糊中央，已微微收缩下陷，有经验者可以收缩比率判断。

②触摸法：当眼试法无法正确判断时，可借手指检验触击蛋糕顶部，如有沙沙声及硬挺感，此时应可出炉。

③探针法：初学者的最佳判断法，此法是取一竹签直接刺入蛋糕中心部位，当竹签拔出时，竹签无生面糊黏住时即可出炉。

（二）SP 海绵蛋糕

1. 配方（以 g 计）

鸡蛋	500	低筋面粉	550
白砂糖	400	水	150
色拉油	150	蛋糕油	35

2. 工艺流程

原料称量→加鸡蛋液、白砂糖→低速搅打→加乳化剂快速搅拌→加面粉拌匀→浇模→放入烤盘→190℃烘烤→出炉→脱模→冷却→包装→成品

3. 操作要点

（1）打蛋　将蛋、白砂糖用中速挡打至白砂糖基本溶化，然后加入乳化剂快速搅拌，水分 2~3 次加入，打至体积增加 2.5~3 倍时即可。

（2）调糊　加入低筋粉搅拌均匀，然后加入色拉油拌均匀。

（3）注模　将调好的蛋糊注入已涂过油的烤模中，高度约占烤模的 2/3。

（4）烘烤　炉温 190℃左右，烘烤 20~30min。

（5）冷却　烘烤结束后立即取出，出炉后稍冷却，然后脱模，再继续冷却，包装。

4. 注意事项

（1）蛋糕乳化剂（蛋糕油）能促进泡沫及油、水分散体系的稳定，它的应用是对传统工艺的一种改进，比较适用于大批量生产。使用乳化剂有如下优点：蛋液容易打发，不需水浴加温，缩短了打蛋时间；可适当减少蛋和糖的用量，并

可补充较多的水；产品冷却后不易发干，延长了保鲜期；产品内部组织细腻，气孔均匀，弹性好。但如果乳化剂用量过多和过度减少蛋的用量，会使蛋糕失去应有的特色和风味。

（2）利用蛋糕乳化剂（蛋糕油）生产的蛋糕冷却后的收缩比较大。

（3）利用蛋糕乳化剂（蛋糕油）生产的蛋糕第二天适食用味道更好。

（4）利用蛋糕乳化剂（蛋糕油）生产蛋糕的方法有许多：

①将蛋、白砂糖、水及乳化剂一起搅打约 2min，使其均匀混合。拌入低筋粉搅打 5~6min，加入融化的白脱油或色拉油，打匀，灌模，烘焙（炉温 190℃左右）

②用牛乳、水将乳化剂充分化开，再加入鸡蛋、白砂糖等一起快速搅打至浆料呈乳白色细腻的膏状，在慢速搅拌下逐步加入筛过的面粉，混匀即可。

③先将牛乳、水、乳化剂充分化开，再加入其他所有原料一起搅打成光滑的面糊。

④将所有的原料放入搅拌容器中一起搅打。

（三）戚风蛋糕

1. 配方（以 g 计）

（1）配方一

配料		蛋糕坯	
色拉油	50	低筋面粉	100
蛋黄	75	泡打粉	3
牛乳	60	蛋白	150
白砂糖	30	白砂糖	99
食盐	2	塔塔粉	1

（2）配方二

配料		蛋糕坯	
色拉油	50	低筋面粉	100
蛋黄	5 个	泡打粉	1.2
牛乳	60	蛋白	5 个
白砂糖	40	白砂糖	80
食盐	1.2	塔塔粉	1

2. 工艺流程

蛋黄加糖搅拌 → 加色拉油、牛乳等 → 面粉和泡打粉筛入轻拌匀 → 蛋白加塔塔粉打起泡沫 → 加糖打到硬性发泡 → 刮入模型中烘烤 → 戚风蛋糕

3. 操作要点

（1）分开蛋白和蛋黄　将蛋黄、蛋白分别放在不同的容器内。

（2）打发蛋白　蛋白加塔塔粉打成稍有气泡，放入 2/3 白砂糖，打至硬性发泡（配方中的 C 部分）。

（3）调制蛋黄面糊　将蛋黄、白砂糖的 1/3（最好用糖粉）打匀至糖溶解，然后加入色拉油、牛乳，最后将低筋面粉和泡打粉的混合物加入拌匀。

（4）面糊的调制　在蛋黄面糊中加入 1/3 蛋白，拌匀，再将剩余的 2/3 蛋白拌入。

（5）入模、烘烤　将面糊灌入垫纸的模型中（不可涂油），灌至七八成满。烘烤温度为上火 180℃、下火 160℃，烘烤时间为 0~30min。

4. 注意事项

（1）蛋白的主要成分是蛋白质，具有表面张力和蒸汽压低等特性。将蛋白与蛋黄分开，观察蛋白表面，与空气的接触界面凝固，形成皮膜。由于蛋白具有这种性质，蛋白经搅打，在表面张力的作用下包入大量空气，形成稳定的泡沫结构。蛋白在搅打过程中可以分为四个阶段。第一阶段是蛋白经搅打后呈液体状态，表面浮起很多不规则的气泡。第二阶段是蛋白搅拌后渐渐凝固起来，表面不规则的气泡消失，而形成许多均匀的细小气泡，蛋白洁白而有光泽，手指勾起时形成一细长尖锋，在手指上不下坠，这一阶段有时也称湿性发泡阶段。第三阶段是蛋白继续搅拌，达到干性发泡阶段，颜色雪白而无光泽，手指勾起时呈坚硬的尖锋，此尖锋倒置也不会弯曲。第四阶段是蛋白已完全形成球形凝固状，用手指无法勾起尖锋，这阶段也称棉絮状阶段。

（2）面粉　低筋粉。

（3）鸡蛋　新鲜。

（4）分蛋要小心，勿使蛋白沾到一丝油、蛋黄。

（5）蛋白的搅拌温度　20~25℃。

（6）蛋白一定要打到硬性发泡。

（7）面粉筛入后轻轻拌匀即可。

（8）将蛋白泡沫与蛋黄面糊拌匀时，动作要轻且快。

（9）一般要求先制作蛋黄面糊，然后打发蛋白。

（四）油脂蛋糕

1. 配方（以 g 计）

（1）配方一

蛋液	88	低筋面粉	100
牛乳	20	泡打粉	1
糖粉	100	起酥油	40
食盐	2	奶油	40
乳化剂	3		

（2）配方二

蛋液	100	低筋面粉	10
牛乳	20	泡打粉	2
糖粉	100	奶油	100

2. 工艺流程

奶油、乳化剂加糖搅拌 → 鸡蛋分2~3次加入搅拌 → 加低筋面粉和泡打粉筛入轻拌 → 加牛乳搅匀 → 刮入模型中烘烤 → 油脂蛋糕

3. 操作要点

（1）糖油法

① 将油脂（乳油、人造乳油等）搅打开，加入过筛的糖粉充分搅打至呈淡黄色、蓬松而细腻的膏状。

② 将全蛋液呈缓慢细流状分数次加入上述油脂和糖的混合物中，每次均需充分搅拌均匀。

③ 加入筛过的低筋面粉（如果需要使用乳粉、泡打粉，需预先过筛混入面粉中），轻轻混入浆料中，注意不能有团块，不要过分搅拌以尽量减少面筋生成。

④ 加入水、牛乳（香精、色素若为水溶性可在此加入，若为油溶性在刚开始加入），如果有果干、果仁等可在此加入，混匀即成糖油法油脂面糊。

（2）粉油法

① 将油脂（乳油、人造乳油等）与过筛的面粉（比乳油量稀少）一起搅打成蓬松的膏状，加入糖粉搅拌。

② 加入剩余过筛的低筋面粉。

③ 分数次加入全蛋液混合成面糊（牛乳、水等液体在加完蛋后加入）。

4. 注意事项

（1）冬天奶油太冷太硬就会一直卡在直形打蛋器里出不来，可隔水加温使之软化一些，但不要煮融了，融化的乳油是无法打进空气的。

（2）蛋不宜用冰冷的，因为冰冷的蛋不容易融入乳油中。

（3）面粉及液体（牛乳或果汁）最好交错加入拌匀，是为了避免面粉一次全部加入会使得面糊过干而难以搅拌。

（4）面糊刮入模型后，若希望烤好的蛋糕中间隆起处有整齐的裂纹，必须事先在面糊中间放一细条状乳油条。焙烤时乳油会融化下沉便自然造成裂纹。

（5）烘烤此种油量多的蛋糕，烘焙温度需较低且时间较长，一般是160~170℃，1h左右。

（6）高成分油脂蛋糕适合采用粉油法调制面糊，低成分油脂蛋糕适合采用糖油法调制面糊，中成分油脂蛋糕采用哪种方法调制面糊都可以。

五、实训结果

1. 感官鉴定

观察所加工蛋糕的色泽、形状、组织结构、气味和滋味，对其品质进行感官评价。

（1）形态　蛋糕制品形态要规范，厚薄要均匀，无塌陷和隆起（平整、端正、圆整）。

（2）色泽　蛋糕制品表面应呈金黄色，内部呈微黄色，色泽要均匀一致（裱花蛋糕要雅而不俗）。

（3）组织　蛋糕制品的糕坯不发黏，膨松适度，气孔均匀而有弹性，无面粉、糖、蛋疙瘩。

（4）口味　蛋糕制品应松软可口，甜味适度，有蛋糕香味（裱花蛋糕，口感圆润）。

（5）卫生　制品内外无杂质、无污染、无异味。

（6）质感　细腻、有弹性、气孔小，糕坯不发黏，像海绵一样。

2. 品质分析

对所加工蛋糕的营养成分和化学组分如水分、蛋白质、灰分、糖分进行分析，对产品质量进行评价。

六、思考题

1. 加工蛋糕时为什么要用低筋面粉？调粉时为什么不宜用力搅拌？
2. 打蛋时为什么不能先加水？
3. 针对各自产品对出现的问题进行分析并提出解决方案。

实训六　酥性饼干加工

一、实训目的

1. 通过实训加深理解饼干加工的基本原理。
2. 掌握饼干加工的操作工艺。

二、实训原理

面粉在其蛋白质充分水化的条件先调制成面团，经辊轧机械作用下形成具有较强延伸性、适度的弹性、柔软而光滑，并具有一定的可塑性的面带，经成型、烘烤后得到的产品。

根据使用原料的配比不同可分为以下几种饼干。

1. 韧性饼干

以小麦粉、糖（或无糖）、油脂为主要原料，加入膨松剂、改良剂及其他辅料，经热粉工艺调粉、辊压、成型、烘烤制成的表面花纹多为凹花，外观光滑，表面平整，一般有针眼，断面有层次，口感松脆的饼干。

2. 酥性饼干

以小麦粉、糖、油脂为主要原料，加入膨松剂和其他辅料，经冷粉工艺调粉、辊压或不辊压、成型、烘烤制成的表面花纹多为凸花，断面结构呈多孔状组织，口感酥松或松脆的饼干。

3. 发酵饼干类

以小麦粉、油脂为主要原料，酵母为膨松剂，加入各种辅料，经调粉、发酵、辊压、叠层、成型、烘烤制成的酥松或松脆，具有发酵制品特有香味的饼干。

三、材料与设备

1. 材料

面粉、植物油、磷脂、蔗糖、乳粉、食盐、小苏打、碳酸氢铵、香精。

2. 设备

和面机、5000g 天平一台（感量为 1g）、100mL 烧杯三只、500mL 烧杯三只、塑料盘一只、辊筒一个、刮刀一把、烤炉、塑料刮板一块。

四、实训步骤

1. 配方（以 g 计）

面粉	100	食盐	0.5
精炼植物油	20	小苏打	0.3
磷脂	2	碳酸氢铵	0.2
蔗糖	40	香草香精	0.1
乳粉	4	水	适量

2. 工艺流程

原辅料预处理 → 面团调制 → 辊轧 → 成型 → 烘烤 → 冷却 → 质量评价

3. 操作要点

（1）原辅料准备

①按配方称取面粉、乳粉、小苏打、碳酸氢铵，置于塑料盘中，并用塑料刮板将其混合均匀。其中乳粉、小苏打和碳酸氢铵，如有团块，应事先研成粉末。

②用 500mL 烧杯按配方称取植物油、磷脂、蔗糖、食盐，并用滴管滴入香草香精 8~10 滴。

③用 100mL 烧杯按配方称取冷水。

（2）面团调制

①将500mL烧杯中的油糖等物料倒入和面机中，并用称量好的水清洗烧杯，洗液也倒入和面机中。

②开动马达，以高速挡搅拌2min左右。

③将粉料倒入和面机，继续以高速挡搅拌4min。

（3）辊轧　将调制好的面团取出，置于烤盘上，用面轧筒将面团碾压成薄片，然后折叠为四层，再进行辊压，2~3次，最后压成薄厚度为2~3mm均匀薄片。

（4）成型　用饼干模子压制饼干坯，并将头子分离，再进行碾轧和成型。

（5）烘烤　将装置饼干坯的烤盘放入烤炉中进行烘烤，烘烤温度取240℃，时间为4~5min，需看饼干上色情况而定。出炉的颜色不可太深，因为出炉后还会加深一些。

（6）冷却　烤盘出炉后应迅速用刮刀将饼干铲下，并置于冷却架上进行冷却。

五、实训结果

1. 数据记录

将实训数据填入表1-1。

表1-1　　　　酥性饼干加工实训数据记录表

原料名称	质量/g	原料名称	质量/g
面粉		食盐	
精炼植物油		小苏打	
磷脂		碳酸氢铵	
蔗糖		香草香精	
乳粉		水	

2. 感官评价

对产品进行感官评价并填入表1-2。

表1-2　　　　酥性饼干产品感官评价表

评价指标	感官要求	得分
外观（30）	外形完整，花纹清晰，厚薄基本均匀，不收缩，不变形，不起泡，不应有较大或较多的凹底。特殊加工品种表面或中间可有可食性颗粒存在	
色泽（20）	呈棕黄色或金黄色，或该品种应有的色泽，色泽基本均匀，表面略带光泽，无白粉，不应有过焦、过白的现象	

续表

评价指标	感官要求	得分
滋味与口感（30）	具有该品种应有的香味，无异味。口感酥松或松脆，不粘牙	
组织形态（10）	断面结构呈多孔状，细密，无大的空洞	
杂质（10）	无肉眼可见的杂质	

3. 酸价和过氧化值测定

依据 GB/T 5009.37—2003《食用植物油卫生标准的分析方法》对产品进行酸价和过氧化值测定。

六、思考题

1. 加工酥性饼干对面粉原料有什么要求？为什么？
2. 糖、油、磷脂等辅料在饼干生产中起什么作用？
3. 试分析所做饼干的优缺点及产生缺点的原因是什么？

项目二 蛋与蛋制品加工实训

实训一 蛋的新鲜度检验

一、实训目的

1. 了解和掌握新鲜蛋的感官检查方法和判定标准。
2. 掌握蛋壳检验和开蛋检验的方法和步骤。
3. 掌握照蛋器的基本原理及照蛋器的使用方法。

二、实训原理

蛋的新鲜度检验中采用了感官检验法、灯光透视法、蛋黄指数法和蛋pH测定法等方法来检验蛋的新鲜度。

感官检验法：凭借检验人员的感官器官鉴别蛋的质量，主要靠眼看、手摸、耳听、鼻嗅4种方法进行综合判定。外观检查虽简便，但对蛋的鲜陈、好坏只能有大概的鉴别。

灯光透视法：利用照蛋器的灯光来透视检蛋，可见到气室的大小、内容物的透光程度、蛋黄移动的阴影及蛋内有无污斑、黑点和异物等。

蛋黄指数（又称蛋黄系数）：是蛋黄高度除以蛋黄横径所得的商。蛋越新鲜，蛋黄膜包得越紧，蛋黄指数就越高；反之，蛋黄指数就越低，因此，蛋黄指数可表明蛋的新鲜程度。

蛋pH的测定：蛋在储存时，由于蛋内二氧化碳逸出，加之蛋白质在微生物和自溶酶的作用下不断分解，产生氮及氨态化合物，使蛋内pH向碱性方向变化。

三、材料与设备

1. 材料

鸡蛋。

2. 设备

照蛋器、蛋白蛋黄分离器、酸度计、恒温水浴锅、天平等。

四、实训步骤

（一）壳蛋检验

1. 感官检验

凭借检验人员的感官器官鉴别蛋的质量，主要靠眼看、手摸、耳听、鼻嗅4种方法进行综合判定。外观检查虽简便，但对蛋的鲜陈、好坏只能有大概的鉴别。

（1）检验方法　逐个拿出待检蛋，先仔细观察其形态、大小、色泽、蛋壳的完整性和清洁度等情况；然后仔细观察蛋壳表面有无裂痕和破损等；利用手指摸蛋的表面和掂重，必要时可把蛋握在手中使其互相碰撞以听其声响；最后嗅检蛋壳表面有无异常气味。

（2）判定标准

①新鲜蛋：蛋壳表面常有一层粉状物；蛋壳完整而清洁，无粪污、无斑点；蛋壳无凹凸而平滑，壳壁坚实，相碰时发清脆而不发哑声；手感发沉。

②破蛋类：

a. 裂纹蛋（哑子蛋）。鲜蛋受压或震动使蛋壳破裂成缝而壳内膜未破，将蛋握在手中相碰发出哑声。

b. 格窝蛋。鲜蛋受挤压或震动使鲜蛋蛋壳局部破裂凹下而壳内膜未破。

c. 流清蛋。鲜蛋受挤压、碰撞而破损，蛋壳和壳内膜破裂而蛋白液外流。

③劣质蛋：外观往往在形态、色泽、清洁度、完整性等方面有一定的缺陷。如腐败蛋外壳常呈乌灰色；受潮霉蛋外壳多污秽不洁，常有大理石样斑纹；孵化或漂洗的蛋，外壳异常光滑，气孔较显露。有的蛋甚至可嗅到腐败气味。

2. 灯光透视法

利用照蛋器的灯光来透视检蛋，可见到气室的大小、内容物的透光程度、蛋黄移动的阴影及蛋内有无污斑、黑点和异物等。灯光照蛋方法简便易行，对鲜蛋的质量有决定性把握。

（1）检验方法

①照蛋：在暗室中将蛋的大头紧贴照蛋器的洞口上，使蛋的纵轴与照蛋器约成30°倾斜，先观察气室大小和内容物的透光程度，然后上下左右轻轻转动，根据蛋内容物移动情况来判断气室的稳定状态和蛋黄、胚盘的稳定程序，以及蛋内有无污斑、黑点和游动物等。

②气室测量：蛋在贮存过程中，由于蛋内水分不断蒸发，致使气室空间日益增长。因此，测定气室的高度，有助于判定蛋的新鲜程度。

气室的测量是由特制的气室测量规尺测量后，加以计算来完成。气室测量规尺是一个刻有平行线的半圆形切口的透明塑料板（图2-1）。测量时，先将气室测量规尺固定在照蛋孔上缘，将蛋的大头端向上正直地嵌入半圆形的切口内，在照蛋的同时即可测出气室的高度与气室的直径，读取气室左右两端落在规尺刻线上的数值（即气室左、右边的高度），按下式计算：

$$气室高度(mm) = \frac{气室左边的高度 + 气室右边的高度}{2}$$

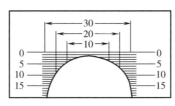

图 2-1　气室测量规尺

（2）判定标准

①最新鲜蛋：透视全蛋呈橘红色，蛋黄不显现，内容物不流动，气室高 4mm 以内。

②新鲜蛋：透视全蛋呈红黄色，蛋黄所在处颜色稍深，蛋黄稍有转动，气室高 5~7mm 以内，这是产后约 2 周以内的蛋，可供冷冻贮存。

③普通蛋：内容物呈红黄色，蛋黄阴影清楚，能够转动，且位置上移，不再居于中央。气室高度 10mm 以内，且能动。这是产后 2~3 个月的蛋，应速销售，不宜贮存。

④可食蛋：因浓蛋白完全水解，蛋黄显见，易摇动，且上浮而接近蛋壳（贴壳蛋）。气室移动，高达 10mm 以上。这种蛋应快速销售，只作普通食用蛋，不宜作蛋制品加工原料。

⑤次品蛋（结合将蛋打开检查）：

a. 热伤蛋。鲜蛋因受热时间较长，胚珠变大，但胚胎不发育（胚胎死亡或未受精）。照蛋时可见胚珠增大，但无血管。

b. 早期胚胎发育蛋。受精蛋因受热或孵化而使胚胎发育。照蛋时，轻者呈现鲜红色小血圈（血圈蛋），稍重者血圈扩大，并有明显的血丝（血丝蛋）。

c. 红贴壳蛋。蛋在贮存时未翻动或受潮所致。蛋白变稀，系带松弛。因蛋黄相对密度小于蛋白，故蛋黄上浮，且靠边贴于蛋上。照蛋时见气室增大，贴壳处呈红色，称红贴壳帽。打开后蛋壳内壁可见蛋黄黏连痕迹，蛋黄与蛋白界限分明，无异味。

d. 轻度黑贴壳蛋。红贴壳蛋形成日久，贴壳处霉菌侵入生长变黑，照蛋时蛋黄黏壳部分呈黑色阴影，其余部分蛋黄仍呈深红色。打开后可见贴壳处有黄中带黑的黏连痕迹，蛋黄与蛋白界限分明，无异味。

e. 散黄蛋。蛋受剧烈震动或帽贮存时空气不流通，受热受潮，在酶的作用下，蛋白变稀，水分渗入蛋黄而使其膨胀，蛋黄膜破裂。照蛋时蛋黄不完整或呈不规划云雾状。打开后黄白相混，但无异味。

f. 轻度霉蛋。蛋壳外表稍有霉迹。照蛋时见壳膜内壁有霉点，打开后蛋液内无霉点，蛋黄蛋白分明，无异味。

⑥变质蛋和孵化蛋：

a. 重度黑贴壳蛋。由轻度黑贴壳蛋发展而成。其黏贴着的黑色部分超过蛋黄面积 1/2 以上，蛋液有异味。

b. 重度霉蛋。外表霉迹明显。照蛋时见内部有较大黑点或黑斑。打开后蛋膜及蛋液内均有霉斑，蛋白液呈冻样霉变，并带有严重霉气味。

c. 泻黄蛋。蛋贮存条件不良，微生物进入蛋内并大量生长繁殖，在蛋内微生物作用下，引起蛋黄膜破裂而使蛋黄与蛋白相混。照蛋时黄白混杂不清，呈灰黄色。打开后蛋液呈灰黄色，变质，浑浊，有不愉快气味。

d. 黑腐蛋。又称老黑蛋、臭蛋，是由上述各种劣质蛋和变质蛋继续变质而成。蛋壳呈乌灰色，甚至因蛋内产生的大量硫化氢气体而膨胀破裂，照蛋时全蛋不透光，呈灰黑色，打开后蛋黄蛋白分不清，呈暗黄色、灰绿色或黑色水样弥漫状，并有恶臭味或严重霉味。

e. 晚期胚胎发育蛋（孵化蛋）。照蛋时，在较大的胚胎周围有树枝状血丝、血点，或已能观察到小雏体的眼睛或者已有成形的死雏。

以上变质蛋和孵化蛋禁止食用，绝不允许加工成蛋制品。

（二）开蛋检验

1. 蛋黄指数的测定

（1）原理　蛋黄指数（又称蛋黄系数）是蛋黄高度除以蛋黄横径所得的商。蛋越新鲜，蛋黄膜包得越紧，蛋黄指数就越高；反之，蛋黄指数就越低，因此，蛋黄指数可表明蛋的新鲜程度。

（2）操作方法　把鸡蛋打在一洁净、干燥的平底白瓷盘内，用蛋黄指数测定仪量取蛋黄最高点的高度和最宽处的宽度。测量时注意不要弄破蛋黄膜。

（3）计算

$$蛋黄指数 = \frac{蛋黄高度(mm)}{蛋黄横径(mm)}$$

（4）判定标准　新鲜蛋的蛋黄指数一般为 0.36~0.44。

2. 蛋 pH 的测定

（1）原理　蛋在储存时，由于蛋内二氧化碳逸放，加之蛋白质在微生物和自溶酶的作用下不断分解，产生氮及氨态化合物，使蛋内 pH 向碱性方向变化。

（2）操作方法　将蛋打开，取 1 份蛋白（全蛋或蛋黄）于 9 份水混匀，用酸度计测定 pH。

（3）判定标准　新鲜鸡蛋的 pH 为：蛋白 7.3~8.0、全蛋 6.7~7.1、蛋黄 6.2~6.6。

五、实训结果

1. 利用感官评价法，对蛋的新鲜度进行判断，并写出属于什么类型的蛋。

2. 利用灯光透视法,对蛋的新鲜度进行判断,并写出属于什么类型的蛋。

3. 通过蛋黄指数测定法,计算蛋的蛋黄指数。

4. 通过蛋 pH 测定法,分别写出蛋白、全蛋和蛋黄的 pH。

六、思考题

1. 简述蛋壳检验中,感官检验的方法和过程是什么?
2. 蛋壳检验中,采用灯光透视法,如何鉴别蛋的新鲜度?
3. 蛋的开蛋检验中,蛋黄指数测定的原理是什么?

实训二　蛋的物理性质检验

一、实训目的

1. 了解蛋的物理性质及其对蛋贮藏的影响。
2. 掌握蛋的物理性质的测定方法。

二、实训原理

蛋的品质一般是指蛋的外形(大小、形状、清洁度、光泽)与内容物的品质(蛋白黏稠度、蛋黄色泽、气室大小、气味、微生物状况、药物残留等)。测定蛋的品质,主要作用是检验蛋的新鲜度、食用品质及进行蛋品的分级等。蛋品质测定的指标有蛋质量、蛋壳颜色、蛋形指数、比重、蛋壳强度、蛋壳厚度、蛋黄颜色、蛋黄比率等。常用的方法有外观法、透视法、剖检法、仪器测定法和化学实验法等。

蛋品质的测定顺序一般按照如下进行:

三、材料与设备

1. 材料

鸡蛋、酒精、用 2% 复红或 2% 橘黄 G、美兰、高锰酸钾等。

2. 设备

蛋白蛋黄分离器、游标卡尺、天平、蛋压力测定器、剪刀培养皿、镊子、载玻片等。

四、实训步骤

1. 蛋的质量测定

蛋的大小对消费者购买欲望影响很大,而且加工蛋制品时要求蛋的大小一致。因此，蛋的大小是很重要的物理指标，蛋的大小一般用质量表示。

（1）仪器　天平。

（2）方法　取不同大小的蛋感官估重，然后用天平称量。如此分批反复练习，以达估重基本准确。

2. 蛋的形状测定

蛋的形状用蛋形指数表示。蛋形指数即蛋的纵径与蛋的横径之比。正常蛋为椭圆形，其中鸡蛋的指数多为 1.30～1.35。由于圆形的蛋比筒形的蛋耐压性强，故包装运输时最好剔除筒形的畸形蛋，以免运输过程中破壳。

（1）仪器　游标卡尺。

（2）操作方法　取蛋数枚，逐个用游标卡尺量出蛋的最长和蛋的最宽处长度，用下式进行计算。

$$蛋形指数 = 蛋长径 / 蛋短径$$

蛋形指数小于 1.30 者为球形，大于 1.35 者为长形。

3. 蛋的耐压度测定

蛋的耐压性即蛋最大限度能接受的压力，蛋的耐压性在蛋的包装和运输中有重要的意义，蛋的长轴耐压性比短轴强，筒形蛋耐压性最小。

（1）仪器　专用蛋压力测定器

（2）操作方法　①扭松螺旋，将蛋大头向上放置，并扭紧螺旋至适当的紧度。②将"操作器"打开（即由右向左侧搬动）。③按"开动按钮"，计算器则转动，当达到能接受的最大力时，计算器上的指针就自动停止移动。观察红针所指示的数，即为该蛋的最大耐压力，单位为 MPa。一般耐压为 0.32～0.4MPa。④将"操作器"恢复原状（即自左向右搬动）。取出蛋，并扭动计算器上的调节器，使红针恢复至"0"。

4. 蛋壳的厚度测定

用蛋壳厚度测定仪或游标卡尺测定。取蛋壳的不同部位，分别测定其厚度，然后求出平均厚度。也可只取中间部位的蛋壳，除去壳内膜后测出厚度，以此厚度代表该类蛋的蛋壳厚度。

5. 蛋壳的结构观察

（1）气孔及其数量　取蛋壳一块，剥下蛋壳膜，用滤纸吸干蛋壳，再用乙醚或酒精除去油脂，然后在蛋壳内面滴上美蓝或高锰酸钾溶液，经 15～20min，蛋壳表面即显出许多蓝点或紫红点，用低倍显微镜观察并计数 1cm^2 内的气孔数。

（2）蛋壳结构　取蛋壳一小块，放入 50mL 的烧杯中，加 2mL 浓盐酸，就可观察到碳酸钙被溶解，二氧化碳产生，最后只剩下一层有机膜。

6. 壳内膜与蛋白膜的结构

在气室处用镊子小心取下壳内膜和蛋白膜，于水中展开成薄膜，分别铺在载玻片上，再用 2% 复红或 2% 橘黄 G 按 1:1 混合液滴在膜上染色 10min，然后用水冲去染色液，用滤纸吸去水分，并在酒精灯上稍烘一下，即可在高倍显微镜下观察，将观察结果各绘一图。

7. 蛋内容物的观察

（1）蛋白结构　将蛋打开，把内容物小心地倒在培养皿中，观察稀薄蛋白和浓厚蛋白，再用剪刀剪穿蛋白层，内稀蛋白就可从剪口处流出，同时观察系带的状况。

（2）蛋黄结构　用蛋白黄分离器或窗纱将蛋白和蛋黄分开，观察蛋黄膜，蛋黄上的胚盘状况，为观察蛋黄的层次和蛋黄心，可将蛋煮熟，用快刀沿长轴切开，可看到黄白相间的蛋黄层次和位于中心呈白色的蛋黄心。

8. 禽蛋的组成

在蛋内容物观察时，分别将蛋壳、蛋白和蛋黄称量，并计算其所占全蛋质量的百分率。

五、实训结果

分别各取 5 个鸡蛋，测定鸡蛋蛋形指数、蛋的耐压度和蛋壳厚度，将实训结果记录在表 2-1。

表 2-1　　　　　　　　　鸡蛋物理参数记录表

鸡蛋序号	蛋形指数	蛋的耐压度/MPa	蛋壳厚度/mm
1			
2			
3			
4			

六、思考题

1. 如何测定蛋形指数？
2. 如何测定蛋的耐压度？
3. 如何测定蛋壳的厚度？

实训三　蛋粉油量及游离脂肪酸的测定

一、实训目的

掌握蛋粉油量及游离脂肪酸测定的方法和原理。

二、实训原理

三氯甲烷将蛋粉中的脂肪浸出，用 0.05mol/L 乙醇钠溶液滴定其脂肪酸度，经干燥后即得脂肪重量。脂肪酸度的滴定是属于非水滴定。因此,必须用乙醇钠溶液进行,所用的乙醇钠溶液最好用金属钠溶于乙醇液为佳。用氢氧化钠制成的乙醇钠液,往往由于氢氧化钠中成分不纯含有硫酸钠,影响测定结果的准确性。

三、材料与设备

1. 材料

(1) 三氯甲烷。

(2) 0.05mol/L 标准盐酸液。

(3) 1%酚酞酒精指示剂。

(4) 0.05mol/L 乙醇钠溶液 取有金属光泽的纯金属钠1g,放于80mL无水乙醇中,待完全溶解后振摇均匀放置过夜。

将澄清液倾入棕色细品瓶中,用0.05mol/L 标准盐酸进行标定。

标定方法:取 0.05mol/L 标准盐酸液 10mL 放入 100mL 三角瓶中,加入1%酚酞酒精指示剂3滴,用乙醇钠液进行滴定至呈现不褪色的红色为止。

$$N = \frac{V_1 \times N_1}{V_2} \times 100$$

式中 N——乙醇钠的浓度,mol/L

V_1——盐酸标准液的体积,mL

N_1——盐酸标准溶液的浓度 mol/L

V_2——滴定用乙醇钠的体积,mL

(5) 无水硫酸钠。

(6) 纯苯。

2. 设备

索氏提取器。

四、实训步骤

1. 蛋粉油量测定

(1) 脂肪抽提管的准备 取口径为2cm、长约7cm的玻璃管一支,将管的一端用一小块滤纸包住并扎好。

(2) 样品处理 将蛋打开倒入烧杯中,用药匙刮净壳内蛋液。然后搅拌均匀后取样。精确取样品 1~2mL 于 50mL 烧杯中,加无水硫酸钠10g,边加边搅拌至拌匀拌干为止。然后小心移入脂肪抽提管中,并用少量棉花擦净杯内及玻璃上的样品,一并移入管内,并轻轻将棉花推入至与样品接触为止。

(3) 用三氯甲烷浸出脂肪 给脂肪浸提管套上胶环,然后置于脂肪瓶内,取三氯甲烷 30~40mL,分 5~6 次注入。每次注入,需待上次滤尽后进行,直到滤液为无色透明液为止。

（4）脂肪称量　把脂肪瓶置于水浴锅内，接上冷凝水，加热回收三氯甲烷，直到溶液呈胶样为止，停止加热，然后将脂肪瓶放在70~75℃的恒温箱中烘至干燥，约需2h，取出脂肪瓶于干燥后冷却称量，然后再烘干称量，至质量恒定为止。

2. 蛋粉游离脂肪酸检验

（1）中性苯溶解　由冷浸法测定油量时，所得干燥浸出物，以20mL中性纯苯溶解，加1%酚酞酒精指示剂3~4滴。

（2）滴定　用0.05mol/L乙醇钠溶液滴定，待溶液出现橘红色即为终点，记录所滴定用乙醇钠的体积（以mL计），以油酸计算游离脂肪酸百分率。

滴定做平行试验，两值间之差不超过0.3%，取平均值。

五、实训结果

1. 油含量计算

$$油量(\%) = \frac{G}{W} \times 100\%$$

式中　G——浸出物质量，g

W——试样质量，g

2. 脂肪酸含量计算

$$游离脂肪酸(\%) = \frac{V \times N \times 0.282}{G} \times 100\%$$

式中　V——滴定用乙醇钠体积数，mL

N——所用乙醇溶液摩尔浓度，mol/L

G——滴定油量所得浸出物的干燥质量，g

六、思考题

简述索氏提取法提取脂肪的原理及步骤。

实训四　皮蛋加工

一、实训目的

掌握皮蛋的加工工艺，并进一步了解其加工特点和工艺要求。

二、实训原理

松花皮蛋又称皮蛋、变蛋、灰包蛋等，是一种中国传统风味蛋制品。皮蛋口感鲜滑爽口，色香味均有独到之处。制作皮蛋的主要原料有生石灰、纯碱、食盐、红茶、植物灰等。

禽蛋的蛋白质和料液中的氢氧化钠发生反应而凝固，同时由于蛋白质中的氨基与糖中的羰基在碱性环境中产生美拉德反应使蛋白质形成棕褐色，蛋白质所产生的硫化氢和蛋黄中的金属离子结合使蛋黄产生各种颜色。另外，茶叶也对颜色的变化产生作用。

三、材料与设备

1. 材料

鸭蛋、纯碱、生石灰、食盐、红茶末、氯化锌等。

2. 设备

不锈钢锅、电子天平、泡菜坛子等。

四、实训步骤

1. 配方

鸭蛋	20枚	红茶末	25g
纯碱	155g	氯化锌	3g
生石灰	440g	水	2.5kg
食盐	80g		

2. 工艺流程

原料蛋 → 敲蛋 → 照蛋 → 分级 → 下缸 → 出缸 → 检验 → 保质贮藏

3. 操作要点

（1）原料蛋的选择　加工变蛋的原料蛋需经照蛋和敲蛋逐个严格的挑选。

①照蛋：加工变蛋的原料蛋用灯光透视时，气室高度不得高于9mm，整个蛋内容物呈均匀一致的微红色，蛋黄不见或略见暗影，胚珠无发育现象。转动蛋时，可略见蛋黄也随之转动。次蛋，如破损黄、热伤黄等均不宜加工变蛋。

②敲蛋：过照蛋挑选出来的合格鲜蛋，还需检查蛋壳完整与否，厚薄程度以及结构有无异常。裂纹蛋、沙壳蛋、油壳蛋都不能作变蛋加工的原料。此外，敲蛋时还根据蛋的大小进行分级。

（2）辅料的选择

①生石灰：要求色白、质量轻、块大、质纯，有效氧化钙的含量不低于75%。

②纯碱：纯碱要求色白、粉细，含碳酸钠在96%以上，不宜用普通黄色的"老碱"。若用存放过久的"老碱"，应先在锅中灼热处理，以除去水分和二氧化碳。

③茶叶：选用新鲜红茶或茶末为佳。

④氯化锌：选用食品级或纯的氯化锌。

⑤其他：黄土取深层、无异味的。取后晒干、敲碎过筛备用。稻壳要求金黄

干净，无霉变。

（3）配料　先将碱、盐放入缸中，将熬好的茶汁倒入缸内，搅拌均匀，再分批投入生石灰，及时搅拌，使其反应完全，待料液温度降至50℃左右将硫酸铜（锌）化水倒入缸内（不用黄丹粉时选用），捞出不溶石灰块并补加等量石灰，冷却后备用。

（4）料液碱度的检验　用刻度吸管吸取澄清料液4mL，注入300mL的三角瓶中，加水100mL氯化钡溶液的粉红色恰好消褪为止，消耗1mol/L盐酸标准溶液的体积（以mL计）即相当于氢氧化钠含量的百分数。料液中的氢氧化钠含量要求达到4%左右。若浓度过高应加水稀释，若浓度过低应加烧碱提高料液的氢氧化钠浓度。

（5）装缸、灌料泡制　将检验合格的蛋装入缸内，用竹篦盖住，将检验合格冷却的料液在不停地搅拌下徐徐倒入缸内，使蛋全部浸泡在料液中。

（6）成熟　灌料后要保持室温在16~28℃，最适温度为20~25℃，浸泡时间为25~40d。在此期间要进行3~4次检查。出缸前取数枚变蛋，用手颠抛，变蛋回到手心时有震动感。用灯光透视蛋内呈灰黑色。剥壳检查蛋白凝固光滑，不黏壳，呈黑绿色，蛋黄中央呈糖心即可出缸。

（7）包装　变蛋的包装有传统的涂泥糠法和现在的涂膜包装法。

①涂泥糠法：用残料液加黄土调成浆糊状，包泥时用刮泥刀取40~50g的黄泥及稻壳，使变蛋全部被泥糠包埋，放在缸里或塑料袋内密封贮存。

②涂膜包装法：用液体石蜡或固体石蜡等作涂膜剂，喷涂在变蛋上（固体石蜡需先加热熔化后喷涂或涂刷），待晾干后，再封装在塑料袋内贮存。

五、实训结果

1. 皮蛋感官评价

对皮蛋进行感官评价，将结果填入表2-2中。

表2-2　　　　　　　　皮蛋感官评价表

评价指标	感官要求	得分
外观（30）	包泥蛋的泥层和稻壳厚均匀，微湿润。涂膜蛋的涂膜均匀。真空包装蛋封口严密，不漏气。涂膜蛋、真空包装蛋及光蛋无霉变，蛋壳应清洁完整	
形态（20）	蛋壳完整，有光泽，有明细震颤感，松花明显，不粘壳或不粘手	
颜色（30）	蛋白呈半透明的青褐色或棕褐色，蛋黄呈墨绿色并有明显的多种色层	
气味与滋味（20）	具有皮蛋应用的气味与滋味，无异味，不苦、不涩、不辣，回味绵长	
破损率/%	≤3	

2. pH 测定

要求 pH（1:9 稀释）≥9。测定依据：GB/T 5009.47—2003《蛋与蛋制品卫生标准的分析方法》。

六、思考题

1. 皮蛋加工中的辅料有哪些？各有什么作用？
2. 影响皮蛋质量的因素有哪些？

实训五　咸蛋加工

一、实训目的

了解咸蛋的加工工艺。

二、实训原理

咸蛋主要利用食盐腌制而成，食盐渗入蛋中，由于食盐溶液产生的渗透压把微生物细胞体内的水分渗出，从而抑制了微生物的发育、延缓蛋的腐败变质，同时食盐可以降低蛋内蛋白酶的活力，延缓蛋白质分解变化速度，使咸蛋的保藏期较长。

三、材料与设备

1. 材料

鸭蛋、草木灰、食盐、干黄土、水。

2. 设备

小缸、小坛、天平、照蛋器等。

四、实训步骤

1. 配料

鸭蛋 1000 枚、食盐 7.5kg、干黄土 8.5kg、水 4kg。

2. 操作要点

（1）配料　先将食盐和水放入拌料缸内，经搅拌使食盐溶化后，再分批加入筛过的草木灰和黄土，搅拌均匀至灰浆发黏为止。

（2）上料　将检验合格的蛋放在灰浆内翻滚一周，使蛋壳表面均匀黏上灰浆后，取出放入灰盘内滚上一层干灰，用手将灰料捏紧后放入缸或塑料袋中，封口。

（3）成熟　置阴凉通风室内 30~40d，即为成品。

五、实训结果

对成品咸蛋进行透视、摇振、除壳检验和煮制剖视检验,并记录结果。

1. 透视检验

取腌制到期的咸蛋,洗净后放到照蛋器上,用灯光透视检验。腌制好的咸蛋透视时,蛋内澄清透光,蛋白清澈如水,蛋黄鲜红并靠近蛋壳。将蛋转动时,蛋黄随之转动。

2. 摇振检验

将咸蛋握在手中,放在耳边轻轻摇动,感到蛋白流动,并有拍水的声响是成熟的咸蛋。

3. 除壳检验

取咸蛋样品,洗净后打开蛋壳,倒入盘内,观察其组织状态,成熟良好的咸蛋,蛋白与蛋黄分明,蛋白呈水样,无色透明,蛋黄坚实,呈珠红色。

4. 煮制剖视

品质好的咸蛋,煮熟后蛋壳完整,煮蛋的水洁净透明,煮熟的咸蛋,用刀沿纵面切开观察,成熟的咸蛋蛋白鲜嫩洁白,蛋黄坚实,呈珠红色,周围有露水状的油珠,品尝时咸淡适中,鲜美可品,蛋黄发沙。

六、思考题

1. 咸蛋加工常用的辅料有哪些?各起什么作用?
2. 比较咸蛋的不同加工方法对成品品质有什么影响?

实训六　蛋黄酱加工

一、实训目的

1. 了解蛋黄酱加工原料的特点及作用。
2. 掌握蛋黄酱加工工艺。

二、实训原理

蛋黄酱是以蛋黄和食用植物油为主要原料,添加若干种调味物质加工而成的一种乳化状半固体食品,其中含有人体必需的亚油酸、维生素 A、维生素 B、蛋白质及卵磷脂等成分,是一种营养价值高的调味品。

三、材料与设备

1. 材料

(1) 色拉油　精制棉籽油、玉米油、花生油等。

(2) 醋　米醋、合成醋、水果醋等。
(3) 蛋黄　新鲜蛋黄。
(4) 调味料　盐、糖。
(5) 鲜味剂　味精。
(6) 香辛料　芥末、胡椒粉、辣椒末等。

2. 设备

电动搅拌机、打蛋机、高速离心机、真空包装机等。

四、实训步骤

1. 配方（%）

油脂	75	白砂糖	2.5
白胡椒	0.2	食盐	1.5
醋酸	10.8	芥末	1.0
蛋黄	9		

2. 工艺流程

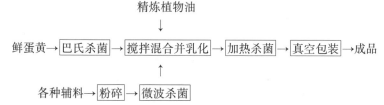

3. 操作要点

(1) 原料杀菌　香辛料常带有芽孢杆菌、酵母菌等，将香辛料等辅料进行微波杀菌。鲜蛋黄进行巴氏杀菌。

(2) 调制　先将按比例搭配好的原料加蛋黄、调味料、杀菌后的香辛料、味精和一部分醋猛烈搅拌，然后将余下的醋和油，相互慢慢交替加入，同时混合搅拌，此过程可用胶体磨或搅拌机，使之成为均匀的细小粒子的乳状液。

(3) 乳化后杀菌　乳化后的产品在 45～55℃ 加热杀菌 8～24h，也可添加乳酸菌，在常温下放置 20d，增殖而抑制有害菌。

(4) 真空包装　由于蛋黄酱成品脂肪含量较高，因此在成品贮存中药防止氧化酸败，宜采用不透光材料真空包装。

五、实训结果

对成品进行感官评价，见表 2-3。

表 2-3　　　　　　　　　　蛋黄酱感官评价表

评价指标	感官要求	得分
外观（30）	稳定均匀	
色泽（20）	细嫩的乳黄色、无杂色	
滋味与口感（30）	口感醇香，无不良气味	
杂质（20）	无肉眼可见的杂质	

六、思考题

1. 蛋黄酱加工中食醋和芥末的功效分别是什么？
2. 提高蛋黄酱乳化液的稳定措施有哪些？

项目三　肉制品加工实训

实训一　腊肉加工

一、实训目的

掌握腌腊肉制品的加工方法，掌握腊肉加工的操作要领。

二、实训原理

通过腌制使食盐或食糖渗入食品组织中，降低水分活度，提高渗透压，借以有选择地控制微生物活动和发酵水平，抑制腐败菌生长，从而防止肉制品腐败变质。

三、材料与设备

1. 材料

去骨五花肉。

2. 设备

切肉刀、线绳、案板、盆、烘烤和熏烟设备、真空包装机、秤等。

四、实训步骤

1. 配料（以 kg 计）

去骨五花肉	100	大料	0.75
食盐	3	香叶	0.3
花椒	2	生姜	2
八角	1.5	丁香	0.3
茴香	1.5	料酒	5L

2. 工艺流程

原料验收 → 腌制 → 烘烤或熏制 → 包装

3. 操作要点

（1）原料验收　精选肥瘦层次分明的去骨五花肉或其他部位的肉，一般肥瘦比例为5:5或4:6，剔除硬骨及软骨，切成长方体形肉条，肉条长38~42cm，宽2~5cm，厚1.3~1.8cm，质量0.2~0.25kg。肉条一端用尖刀穿一小孔，系绳吊挂。

（2）腌制　一般采用干腌法和湿腌法腌制。将10%清水溶解腌制剂（表3-1），然倒入容器中，然后放入肉条，搅拌均匀，每隔30min搅拌翻动1次，于20℃腌制4~6h，腌制温度越低，腌制时间越长，使肉条充分吸收配料，取出肉条，滤干水分。

表3-1　　　　　　　　腌制剂配方（以100kg肉品为基础）

名称	精盐	白砂糖	曲酒	酱油	亚硝酸钠	其他
用量/kg	3	4	2.5	3	0.01	0.1

（3）烘烤或熏制　腊肉因肥膘肉较多，烘烤或熏制温度不宜过高，一般将温度控制在45~55℃，烘烤时间为1~3d。根据皮、肉颜色可判断，完成时皮干，瘦肉呈玫瑰红色，肥肉透明或呈乳白色。熏烤常用木炭、锯木粉、糠壳等作为烟熏燃料，在不完全燃烧条件下进行熏制，使肉制品具有独特的腊香。

（4）包装与保藏　冷却后的肉条即为腊肉成品。采用真空包装，即可在20℃保存3~6个月。

五、实训结果

对腊肉成品进行感官评价，将结果填入表3-2中。

表3-2　　　　　　　　腊肉感官评价表

评价标准	感官要求	得分
外观（20）	外表光洁，无黏液，无霉点	
色泽（30）	具有该肉制品应有的光泽，切面肌肉呈红色或暗红色，脂肪呈白色	
组织状态（30）	组织细密，有弹性，无汁液流出，无异物	
滋味和气味（20）	具有该产品固有的滋味和气味，无异味，无酸败味	

六、思考题

1. 腌制剂的组成成分有哪些？
2. 腌制剂中白砂糖和亚硝酸盐的作用是什么？
3. 简述肉的腌制方法。

实训二 烧鸡加工

一、实训目的

1. 掌握酱卤制品的调味与煮制方法。
2. 掌握烧鸡的加工技术。

二、实训原理

烧鸡是经过整形、油炸、卤煮等加工而成的一种肉制品。

三、材料与设备

1. 材料

健康活鸡一只,体重 1.5~2kg。

2. 设备

煤气炉灶、煮锅、盆、刀、盘、秤、天平等。

四、实训步骤

1. 配方（以 g 计）

活鸡	1500~2000	丁香	0.5
白酒	3	草果	1.5
酱油	40	桂皮	2
味精	3	陈皮	1
砂仁	0.5	白芷	1
豆蔻	0.5	植物油	适量
食盐	7		

2. 操作要点

（1）屠宰煺毛　采用颈下"切断三管"宰杀,充分放血后,用 70~75℃ 热水浸烫 2~3min 后即行煺毛,煺毛顺序是:头颈→两翅→背部→腹部→两腿。

（2）去内脏　在离肛门前开 3~4cm 长的横切口,用两手指伸入剥离鸡油,取出鸡的全部内脏,用冷水清洗鸡体内部及全身。

（3）造型　将鸡两脚爪交叉插入腹腔内,把头别在左翅下。

（4）烫皮、上色　将整形后的鸡放入 90℃ 左右的热水中浸烫 1~2min 捞出,待鸡身水分晾干后上糖色。糖液的配制是 1 份麦芽糖或蜜糖加 60℃ 的热水 3 份调配成上色液。用刷子将糖液均匀涂于造型后的鸡体外表,晾干表面水分。

（5）油炸　将上好糖液的鸡放入加热至 170~180℃ 的植物油中翻炸 5~

8min，待鸡体表面呈柿黄色时即可捞出，炸鸡时动作要轻，不要把鸡皮弄破。

（6）煮制　将香辛料加适量的水煮沸 5～10min，然后放入炸好的鸡体，并同时加入食盐、白酒、酱油等辅料，用大火烧开，后改用小火焖煮 2～4h，待熟烂后，捞鸡出锅。

（7）成品　外形完整、造型美观、色泽酱黄带红，味香肉烂，出品率64%左右。

五、实训结果

对烧鸡进行感官评价，见表 3-3。

表 3-3　　　　　　　　　烧鸡感官评价表

评价指标	感官要求	得分
香味（25）	具有烧鸡固有的香味，无焦臭、哈喇味等异味	
色泽（25）	浅红色	
形态（25）	鸡皮不破裂，肌肉完整	
滋味（25）	鲜美可口，肥而不腻	

六、思考题

简述烧鸡加工生产工艺。

实训三　五香牛肉加工

一、实训目的

1. 掌握酱卤制品的调味与煮制方法。
2. 掌握五香牛肉的加工技术。

二、实训原理

五香牛肉是原料肉经整理、腌制、预煮、烧煮、烹调而成的一种肉制品。

三、材料与设备

1. 材料

鲜牛肉、香辛料等。

2. 设备

刀、煮锅、盆、盘、秤、天平等。

四、实训步骤

1. 配方（以 1kg 五香牛肉成品用量计算，以 g 计）

食盐	20	八角	5
桂皮	4	砂仁	2
丁香	1	花椒	1.5
酱油	25	白糖	13
味精	2	白酒	6
红曲粉	适量	花生油	适量

2. 操作要点

（1）原料整理　去除较粗的筋腱或结缔组织，用25℃左右温水洗除肉表面血液和杂物，按纤维纹路切成0.5kg左右的肉块。

（2）腌制　将食盐撒在肉坯上，反复推擦，放入盆内腌制8~24h（夏季时间短）。腌制过程需翻动多次，使肉变硬。

（3）预煮　将腌制好的肉坯用清水冲洗干净，放入水锅中，用旺火烧沸，注意撇除浮沫和杂物，煮20min左右，捞出牛肉块，放入清水中漂洗干净。

（4）烧煮　把腌制好并清洗过的牛肉块放入锅内，加入清水0.75kg，同时放入全部辅料及红曲粉，用旺火煮沸，再改用小火焖煮2~3h出锅。煮制过程需翻锅3~4次。

（5）烹炸　将花生油温升高到180℃左右，把烧煮好的牛肉块放入锅内烹炸2~3min即成品。烹炸后的五香牛肉有光泽，味更香。

（6）成品　成品表面色泽酱红，油润发亮，筋腱呈透明或黄色；切片不散，咸中带甜，美味可口，出品率42%左右。

五、实训结果

对五香牛肉进行感官评价，见表3-4。

表3-4　　　　　　　　五香牛肉感官评价表

评价指标	感官要求	得分
色泽（40）	呈棕黄色、褐色或黄褐色，色泽基本均匀	
形态（40）	呈片、条、粒状，同一品种大小基本均匀，表面可带细微小纤维或香辛料	
滋味（20）	具有该品种特有的香气和滋味，甜咸适中	

六、思考题

简述五香牛肉干生产工艺。

实训四　熏鸡加工

一、实训目的

1. 掌握熏制方法。
2. 掌握熏鸡制品的加工技术。

二、实训原理

熏鸡是原料鸡经整理、造型、煮制、熏制而成的一种肉制品。

三、材料与设备

1. 材料

肉鸡。

2. 设备

煤气炉灶、煮锅、盆、刀、天平、秤、熏箱等。

四、实训步骤

1. 配方（以1kg熏鸡成品用量计算，以g计）

食盐	250	香油	5
白糖	8	味精	1
陈皮	0.8	桂皮	0.8
胡椒粉	0.5	五香粉	0.5
砂仁	0.5	豆蔻	0.5
山柰	0.5	丁香	0.7
白芷	0.7	肉桂	0.7
肉蔻	0.5		

2. 操作要点

（1）原料选择与整理　选用健康生的肉鸡，从鸡的喉头底部切断颈动脉血管放血，刀口以1~1.5cm为宜。然后浸烫煺毛，煺毛后用酒精灯烧去鸡体上的小毛、绒毛，在鸡下腹部切3~5cm的小口，取出内脏，用清水浸泡1~2h，待鸡体发白后取出。

（2）造型　用剪刀将胸骨剪断，打断大腿（大腿的上1/3处），将两腿交叉插入腹腔，右翅由放血刀口进入，从口腔伸出向后背，左翅向后背，使之成为两头尖的造型。

（3）煮制　先将陈汤煮沸，取适量陈汤浸泡配料约1h，然后将鸡入锅（如用新汤，上述配料除加盐外加成倍量的水），锅中水以淹没鸡体为度。煮时火候适中，以防火大导致皮裂开。应先用中火煮1h再加入盐，嫩鸡煮1.5h，老鸡约2h即可出锅。

（4）熏制　出锅趁热在鸡体上刷一层香油，随即送入烟熏室或锅中进行熏烟，熏8～10min，待鸡体呈红黄色即可。熏好之后再在鸡体上刷一层香油。目的在于保证熏鸡有光泽，防止成品干燥，增加产品香气和保藏性。

五、实训结果

对熏鸡进行感官评价，见表3-5。

表3-5　　　　　　　　　　熏鸡感官评价表

评价指标	感官要求	得分
色泽（20）	黄色和黄褐色	
组织形态（30）	鸡形完整，不破皮，不脱骨，皮上无绒毛，肉质不硬，不过烂	
气味（20）	具有浓厚特殊的熏鸡香味	
味道（30）	咸淡适度，味道鲜美，深部肉同样有鲜美的香味，细嚼余味浓厚	

六、思考题

1. 熏烟的目的是什么。
2. 熏烟的方法有哪些。

实训五　烤鸭加工

一、实训目的

1. 掌握烤鸭制品的烤制方法。
2. 掌握烤鸭制品的加工技术。

二、实训原理

烧烤制品是将畜、禽胴体或原料肉经预处理、配料、腌制或不腌制后，再经过空气烘烤或明火直接烧烤成熟，形成独特风味的一大类肉制品，其色泽诱人、香味浓郁、咸味适中、皮脆柔嫩。

三、材料与设备

1. 材料

肉鸭（北京鸭或樱桃谷鸭）。

2. 设备

煤气炉灶、烤鸭钩、烤炉或烤箱、盆、刀、天平、秤等。

四、实训步骤

1. 选料

北京烤鸭要求必须是经过填肥的北京鸭，并且饲养期在 55~65d 龄，活重在 2.5kg 以上的为佳。

2. 宰杀造型

经过宰杀、放血、煺毛后，先剥离颈部食道周围的结缔组织，打开气门，向鸭体皮下脂肪与结缔组织之间充气，使鸭体保持膨大壮实的外形。然后从腋下开膛，取出全部内脏，用 8~10cm 长的秫秸（去穗高粱秆）由切口塞入膛内充实体腔，使鸭体造型美观。

3. 冲洗烫皮

通过腋下切口用清水（水温 4~8℃）反复冲洗胸腹腔，直到洗净为止。拿钩钩住鸭胸部上端 4~5cm 处的颈椎骨（右侧下钩，左侧穿出），提起鸭坯用 100℃ 的沸水淋烫表皮，淋烫时，第一勺水要先烫刀口处，使鸭皮紧缩，防止跑气，然后再烫其他部位。用 3~4 勺沸水即能把鸭坯烫好。

4. 浇挂糖色

浇挂糖色的方法与烫皮相似，先淋两肩，后淋两侧。一般只需 3 勺糖水即可淋遍鸭体。糖色的配制用 1 份麦芽糖和 6 份水，在锅内熬成棕红色即可。

5. 灌汤打色

鸭坯经过上色后，向体腔灌入 100℃ 汤水 70~100mL，为了弥补挂糖色时的不均匀，鸭坯灌汤后，要淋 2~3 勺糖水，称为打色。

6. 挂炉烤制

鸭坯进炉后，先挂在炉膛前梁上，使鸭体右侧刀口向火，让炉温首先进入体腔，促进体腔内的汤水汽化，使鸭肉快熟。等右侧鸭坯烤至橘黄色时，再使左侧向火，烤至与右侧同色为止。然后旋转鸭体，烘烤胸部、下肢等部位。烘烤的时间为 30~40min。炉内温度 230~250℃。

反复烘烤，直到鸭体全身呈枣红色并熟透为止。

五、实训结果

对烤鸭进行感官评价，见表 3-6。

表 3-6　烤鸭感官评价表

评价指标	感官要求	得分
外观（20）	黄色和黄褐色	
色泽（20）	鸡形完整，不皮皮，不脱骨，皮上午绒毛，肉质不硬，不过烂	
组织状态（30）	具有浓厚特殊的熏鸡香味	
口感风味（30）	肉质纤细，香而不腻，味道鲜美	

六、思考题

简述烤鸭加工工艺。

实训六　灌肠加工

一、实训目的

1. 了解肠类加工设备的使用方法。
2. 掌握灌肠加工的基本方法。

二、实训原理

原料肉通过腌制和乳化作用，可以充分提取盐溶性蛋白质，提高肠馅的黏结力、保水性和切片性。

三、材料与设备

1. 材料

猪瘦肉、猪肥肉（配比为 7:3）、肠衣。

2. 设备

剔骨刀、切肉刀、案板、搪瓷盆、绞肉机、斩拌机、灌肠机、台秤、天平、烘房、煮锅、熏烟室等。

四、实训步骤

1. 配方（以 kg 计）

原料肉	250	蒜	0.9
精盐	1.75	干淀粉	3
味精	0.05	硝酸钠	0.0125
胡椒粉	0.036		

2. 操作要点

（1）原料的整理　剔去大小骨头以及结缔组织等，最后将瘦肉切成每份约

100~150g 的肉块，肥膘切成 1cm³ 见方的膘丁，以备腌制。

（2）腌制　将肥、瘦肉分别按以上配比进行腌制，置于 10℃ 以下的冷库中腌制约 3d 左右，肉块切面变成鲜红色，且较坚实有弹性，无黑心时腌制结束，脂肪坚硬，切面色泽一致即可。

（3）制馅

①绞碎：腌制后的肉块，需要用绞肉机绞碎，一般用 2~3mm 孔径粗眼的绞肉机绞碎，在绞肉时由于与机器摩擦而肉温升高，需加入冰屑进行冷却。

②斩拌：将原料斩拌至肉浆状，使成品具有鲜嫩细腻特点。斩拌时，通常先将瘦肉和部分的肥肉剁碎至浆糊状，同时，根据原料的干湿度和肉馅的黏性，添加适量的水，一般每 100kg 原料加水 30~40kg，根据配料，加入香料，淀粉需以清水调合，最后将肥膘丁加入，斩拌时间一般为 5min，为了避免肉温升高，斩拌时间需要向肉中加 7%~10% 的冰屑，冰屑量包括在加水总量内。斩拌结束时的温度最好能保持在 8~10℃ 以下。

③灌制：将肠衣套在灌肠机的灌嘴上，使肉馅均匀地灌入肠衣中。要掌握松紧度，不能过紧或过松。每隔 15~20cm 打结。

④烘烤：烘烤温度为 65~70℃，40min，表面干燥透明，肠馅显露淡红色即为烤好。

⑤煮制：锅内水温达到 90~95℃，放入色素搅和均匀，随即将肠体放入，保持水温 80~83℃，肠体中心部温度达到 72℃，恒温 35~40min 出锅，煮熟的标志是，用手掐肠体感到挺硬有弹性。

⑥烟熏：无熏烟室可用熏箱或大铁锅，放入红糖和锯末进行熏制。烟熏温度为 120~150℃，时间为 3~5min。

五、实训结果

对灌肠进行感官评价，见表 3-7。

表 3-7　　　　　　　　灌肠感官评价表

评价指标	感官要求	得分
外观（30）	肠衣干燥，表面无霉点，无黏液，坚固具有弹性，肠衣和肉馅紧贴，不易分离，无黑点，无杂色	
气味（30）	具有灌肠的固有气味和香味，无酸味、无哈喇味和腐败味	
肉馅（40）	肉馅粉红色，膘丁白色，内部坚实，无空洞	

六、思考题

1. 腌制的目的是什么？

2. 煮制的目的是什么？

实训七　干肉制品加工

一、实训目的

1. 了解干肉制品加工工艺。
2. 掌握肉干、肉脯、肉松的加工方法。

二、实训原理

肉干是用瘦肉经预煮后，加入配料复煮，烘烤而成的一种肉制品。因其形状多为1cm见方的块状，故称作肉干。按形状分为片状、条状、粒状等；按配料分为五香肉干、辣味肉干和咖喱肉干等。

肉脯是经过直接烘干的干肉制品，与肉干不同之处是不经过煮制，多为片状。

肉松是将肉煮烂，再经过炒制、揉搓而成的一种营养丰富，易消化、使用方便、易于贮藏的脱水制品。可用猪肉、牛肉、兔肉、鱼肉等生产各种肉松。

三、材料与设备

1. 材料

新鲜牛肉、新鲜猪瘦肉、鸡蛋。

2. 设备

剔骨刀、切肉刀、烘炉、煮锅、烘箱、炒松机等。

四、实训步骤

（一）牛肉干加工

1. 配方（以 kg 计）

牛肉	100	白糖	15
五香粉	0.25	辣椒粉	0.25
食盐	4	味精	0.3
安息香酸钠	0.05	曲酒	1
茴香粉	0.1	特级酱油	3
玉果粉	0.1		

2. 操作要点

（1）原料肉修整　选用新鲜牛肉，除去筋腱、肌膜、肥脂等，切成大小相等肉块，洗去血污备用。

(2) 初煮　将牛肉煮至七成熟后取出，置筛上自然冷却（夏天放于冷风库）。然后切成 3.5cm×2.5cm 薄片。要求片形整齐，厚薄均匀。

(3) 煮烤　取适量初煮汤，将配料混匀溶解后再将牛肉片加入，烧至汤净、肉酥出锅，平铺在烘筛上，60~80℃烘烤 4~6h 即为成品。

（二）肉脯加工

1. 配方（以 kg 计）

猪瘦肉	100	特级酱油	9.5
白糖	13.5	白胡椒粉	0.1
鸡蛋	3.0	味精	0.5
精盐	2.0		

2. 操作要点

(1) 原料肉修整　选用新鲜猪后腿，去皮拆骨，除去肥膘、筋膜。将纯精瘦肉装模，置于冷库使肉块中心温度降至 -2℃，上机切成 2cm 厚肉片。

(2) 拌料　将配料混匀后与肉片拌匀，腌制 50min。不锈钢丝网上涂植物油后平铺上腌好的肉片。

(3) 烘烤　肉片铺好后送入烘箱内，保持烘箱温度 80~55℃，烘 5~6h 便成干坯。冷却后移入空心烘炉内，150℃烧至肉坯表面出油，呈棕红色为止。烘好的肉片用压平机压平，切成 120mm×80mm 的长方形即为成品。

（三）肉松的加工

1. 配方（以 kg 计）

猪瘦肉	100	红酱油	7
白糖	11	味精	0.17
50°高粱酒	0.28		
精盐	1.7		

2. 操作要点

(1) 原料肉整理　选用猪后腿瘦肉为原料，剔去皮、骨、肥肉及结缔组织后，切成 1.0~1.5kg 的肉块。

(2) 煮烧　将肉与香辛料下锅煮烧 2.5h 左右至熟烂，撇去油筋及浮油，加入酱油、高粱酒，煮至汤清油尽加入白糖、味精，调火收汁。煮烧共计 3h 左右。

(3) 炒松　收汁后移入炒松机炒松至肌纤维松散，色泽金黄，含水量小于 20% 即可。再经擦松、跳松、拣松后即可包装。

(4) 包装　炒松结束后趁热装入塑料袋或马口铁罐听。

五、实训结果

对干肉制品进行感官评价,见表 3-8、表 3-9 和表 3-10。

表 3-8　　　　　　　　　　牛肉干制品的感官评价表

评价指标	感官要求	得分
形态(40)	外形整齐,呈块状(片、条、粒状),同一产品的厚薄、长短、大小基本均匀,质地柔软坚实,表面可带细微绒毛或香辛料,无破屑	
色泽(30)	呈棕黄色或褐色、黄褐色,色泽基本一致,均匀	
滋味与气味(40)	具有该品种特有的香味(麻辣、五香、咖喱、茶味等),味鲜美醇厚,甜咸适中,回味浓郁	

表 3-9　　　　　　　　　　肉脯的感官评价表

评价指标	感官要求	得分
色泽(30)	呈棕红色、红色	
滋味与气味(40)	具有肉干固有的香味,无焦臭味、无哈喇味等异味,鲜美可口	
形态(30)	外形整齐、片薄均匀,质地柔软坚实,无破屑	

表 3-10　　　　　　　　　　肉松的感官评价表

评价指标	感官要求	得分
色泽(30)	有光泽,成品呈金黄色或淡黄色	
滋味与气味(40)	鲜美可口,无异味和臭味	
形态(30)	絮状,纤维疏松	

六、思考题

简述肉干、肉松、肉脯的加工工艺。

实训八　肠衣加工

一、实训目的

1. 了解肠衣的加工工艺。

2. 掌握肠衣加工方法。

二、实训原理

采用健康牲畜的食道、胃、小肠、大肠和膀胱等器官，经过特殊加工，对保留的组织进行盐渍或干制的动物组织，为灌制香肠的衣膜，即肠衣。

三、材料与设备

1. 材料

猪小肠、粗盐、精盐等。

2. 设备

刮板、刮刀、分路卡、缸、竹筛、水容器（带直式水龙头）、塑料袋、量码尺。

四、实训步骤

1. 取肠

猪宰后，先从大肠与小肠的连接处割断，随即一只手抓住小肠，另一只手抓住肠网油，轻轻地拉扯，使肠与油层分开，直到胃幽门处割下。

2. 捋肠

将小肠内的粪便尽量捋尽，然后灌水冲洗，此肠称为原肠。

3. 浸泡

从肠大头灌入少量清水，浸泡在清水木桶或缸内。一般夏天 2~6h，冬天 12~24h。冬天的水温过低，应用温水进行调节，提高水温。要求浸泡的用水要清洁，不能含有矾、硝、碱等物质。将肠泡软，易于刮制，又不损害肠衣品质。

4. 刮肠

把浸泡好的肠放在平整光滑的木板（刮板）上，逐根刮制。刮制时，一手捏牢小肠，一手持刮刀，慢慢地刮，持刀需平稳，用力应均匀。既要刮净，又不损伤肠衣。

5. 盐腌

每把肠（91.5m）的用盐量为 0.7~0.9kg。要轻轻涂擦，处处擦到，力求均匀。一次腌足。腌好后的肠衣再打好结，放在竹筛上，盖上白布，沥干生水。夏天沥水 24h，冬天沥水 2d。沥干水后将多余盐抖下，无盐处再用盐补上。

6. 浸漂、拆把

将半成品肠衣放入水中浸泡、折把、洗涤、反复换水。浸漂时间夏季不超过 2h，冬季可适当延长。漂至肠衣散开、无血色、洁白即可。

7. 灌水分路

将漂洗净的肠衣放在灌水台上灌水分路。肠衣灌水后，两手紧握肠衣，双手持肠距离 30~40cm，中间以肠自然弯曲成弓形，对准分路卡，测量肠衣口径的大小，满卡而不碰卡为本路肠衣。测量时要勤抄水，多上卡，不得偏斜测量。盐渍猪小肠衣分路标准见表 3-11。

表 3-11　　　　　　　　　猪肠衣分路标准

路分	1	2	3	4	5	6	7
口径/mm	24~26	26~28	28~30	30~32	32~34	34~36	36以上

8. 配码

将同一路的肠衣，在配码台上进行量码和搭配。在量码时先将短的理出，然后将长的倒在槽头，肠衣的节头合在一起，以两手拉着肠衣在量码尺上比量尺寸。量好的肠衣配成把。配把要求：要求每把长 91.5m，节头不超过 18 节，每节不短于 1.37m。

9. 盐腌

每把肠衣用精盐（又称肠盐）1kg。腌时将肠衣的结拆散，然后均匀上盐，再重新打好把结，置于筛盘中，放置 2~3d，沥去水分。

10. 扎把

将肠衣从筛内取出，一根根理开，去其经衣，然后扎成大把。

11. 装桶包装

扎成把的肠衣，装在木制的"腰鼓形"的木桶内，桶内用塑料袋再衬白布袋，将肠衣在白布袋里由桶底逐层整齐地排列，每一层压实，撒上一层精盐。每桶 150 把，装足后注入清洁热盐卤 24°Bé。最后加盖密封，并注明肠衣种类、口径、把数、长度、生产日期等。

12. 贮藏

肠衣装在木桶内，木桶应横放贮藏，每周滚动一次，使桶内卤水活动，防止肠衣变质。贮藏的仓库需清洁卫生、通风。温度要求在 0~10℃，相对湿度 85%~90%。还要经常检查和防止漏卤等。

五、实训结果

1. 检测肠衣长臂是否洁净、坚韧，充满水时，是否呈透明状。
2. 对肠衣进行灌水检查，检查是否漏水。

六、思考题

1. 写出肠衣加工的工艺流程。
2. 肠衣加工过程中为什么要进行盐腌？

实训九　混合肉香肠加工

一、实训目的

1. 掌握鸡肉、猪肉混合香肠生产工艺的基本原理。
2. 熟悉肉制品水分活度概念及测定方法。
3. 了解肉制品保质期的检验方式。

二、实训原理

混合香肠是以新鲜的冻畜、禽肉为原料,经修整、腌制、绞碎后加入辅料,再经斩拌充填、蒸煮、烟熏、冷却等制成的香肠类熟肉制品。

三、材料与设备

1. 材料

鸡肉、猪肉、食盐、白糖、肠衣、胡椒等。

2. 设备

斩拌机、绞肉机、液压灌肠机、蒸煮器、烟熏炉、真空包装机、天平、制冰机、水分活度仪等。

四、实训步骤

1. 配方（以 kg 计）

猪瘦肉	60	磷酸盐	3
猪肥肉	15	白糖	7.5
鸡肉	30	食盐	3
胡椒	1.5	亚硝酸钠	1.5
豆蔻	1.5	肠衣	120m

2. 操作要点

（1）原辅料的质量检定　原料鸡肉、猪肉必须符合卫生防疫要求。检查表面卫生情况,包括颜色、气味、质地等。各种材料的生产厂家、生产日期和保质期。

（2）原料肉的清理和修割　去除筋膜、淤血等杂质,修割成大小 200g 左右的肉块。

（3）绞肉与腌制　用 10mm 的绞肉机将肉绞成肉泥,添加腌制盐,拌匀,4℃腌制 24~48h。

（4）斩拌及配料　用高速挡斩拌机处理原料肉,3~5min,将所需辅料加入,用低速挡拌料。

（5）灌肠　用灌肠机将斩拌并拌匀的肠馅充填入天然肠衣或其他肠衣中。用清水洗涤干净后，备用。

（6）蒸煮　在95℃的水中加热至熟（蛋白质完全变性，色泽红润，香气四溢）为止。

（7）冷却　在10℃水下冷却至室温即可。

（8）烟熏　将冷却后的产品放置于烟熏炉中，在大约80℃下烟熏30min。

（9）包装　采用真空包装机，用密封袋抽真空包装。

五、实训结果

1. 用水分活度仪对成品水分活度进行测定。
2. 不同温度下（4、25、30℃）进行成品保质期检验。
3. 对成品进行感官评价，见表3－12。

表3－12　　　　　　　　混合香肠感官评价表

评价指标	感官要求	得分
外观（20）	肠体干爽，有光泽，粗细均匀，无黏液，不破损	
色泽（20）	具有产品固有的颜色，且均匀一致	
组织形态（30）	组织细密，切片性能好，有弹性，无密集气孔，在切面中不能有大于直径2mm以上的气孔，无汁液	
风味（30）	咸淡适中，滋味鲜美，有本产品特有的风味，无异味	

六、思考题

1. 水分活度对香肠制品的感官品质和保存期有何影响？
2. 不同的保存温度对香肠制品有怎样的影响？

七、注意事项及其他说明

在肉类原料的整理和标准化操作过程中，注意刀具的安全使用。在配制腌制料时注意原辅料的确认和称量的准确。

实训十　发酵香肠加工

一、实训目的

1. 掌握发酵香肠的加工工艺。
2. 掌握发酵香肠的基本原理。

二、实训原理

发酵香肠也称生香肠,将绞碎的肉和动物脂肪同糖、盐、发酵剂、香辛料等混合后灌入肠衣,经过微生物发酵而制成的具有稳定的微生物特性和典型发酵香肠特征的肉制品。

三、材料与设备

1. 材料

猪肉、食盐、香辛料、亚硝酸钠等。

2. 设备

绞肉机、斩拌机、灌肠机等。

四、实训步骤

1. 配方(以 kg 计)

猪瘦肉	80	葡萄糖	0.5
猪肥肉	20	蔗糖	0.5
混合磷酸盐	0.2	抗坏血酸	0.04
香辛料	1.0	亚硝酸钠	0.01
食盐	2.5	发酵剂	适量

2. 工艺流程

原料肉预处理 → 腌制 → 绞肉 → 斩拌 → 接种霉菌或酵母菌 → 灌肠 → 干燥和成熟 → 真空包装 → 成品

3. 操作要点

(1)原料肉的预处理及腌制 先将肥肉微冻后,用切丁机切成 1~2mm 见方的小肉丁,放入冷藏室中(-8~-6℃)微冻 24h;再将切好的瘦肉用配好的复合盐,充分混匀,置于 0~4℃环境下腌制 24h,使其充分发色。

(2)绞肉 粗绞时要求原料精肉温度在 0~4℃,脂肪处于 8℃的冷冻状态,避免水的结合和脂肪融化。

(3)斩拌 先将精肉和脂肪倒入斩拌机中混匀,然后加入食盐、腌制剂、乳酸菌发酵剂和其他辅料斩拌混匀。斩拌时间因产品类型而定,一般要求脂肪颗粒直径 1~2mm 或 2~4mm。

(4)接种乳酸菌、霉菌或酵母菌 乳酸菌发酵剂多为冻干菌,通常先在室温下复活 18~24h,接种量一般为 10^6~10^7 CFU/g。常用的霉菌为纳地青霉和产黄青霉,常用的酵母为汉逊德巴利酵母和法马塔假丝酵母。霉菌和酵母发酵剂多为冻干菌种,使用时先用水制成发酵剂菌液,然后将香肠浸入菌液中即可。

（5）灌肠　要求充填均匀、松紧适度。整个灌制过程中肠馅的温度维持在 0~1℃。天然肠衣和人造肠衣（纤维素肠衣、胶原肠衣）均可，但必须具有水分通透的能力，并在干燥过程中随肠馅的收缩而收缩。

（6）发酵　发酵温度和时间依产品类型而定。通常对于要求 pH 迅速降低的产品，所采用的发酵温度较高。高温短时发酵时，相对湿度应控制在 98%，较低温度发酵时，相对湿度应低于香肠内部湿度 5%~10%。发酵结束时，半干香肠的 pH 应低于 5.0，干香肠的 pH 在 5.0~5.5 的范围内。

涂抹：22~30℃，最长 48h；

半干：30~37℃，14~72h；

干：15~17℃，24~72h。

（7）干燥和成熟　半干香肠干燥损失低于其湿重的 20%，干燥温度在 37~66℃。温度高则干燥时间短，温度低则时间长。高温干燥可以一次完成，也可以逐渐降低湿度分段完成。干香肠的干燥温度较低，一般为 12~15℃，干燥时间取决于香肠的直径。许多半干香肠和干香肠在干燥的同时进行烟熏。干香肠的干燥过程也是成熟过程。干燥过程时间较短，而成熟则一直持续至被消费为止，成熟形成发酵香肠的特有风味。

（8）包装　成熟以后的香肠通常要进行包装。便于运输和贮藏，保持产品的颜色和避免脂肪氧化。

五、实训结果

1. 用水分活度仪对成品水分活度进行测定。
2. 对成品进行感官评价，见表 3-13。

表 3-13　　　　　　　　香肠感官评价表

评价指标	感官要求	得分
外观（20）	肠衣干燥完整，紧贴肉馅，坚实有弹性	
色泽（20）	切面有光泽，肌肉玫瑰色，脂肪白色	
质地（30）	弹性好，切面坚实，整齐，无裂纹	
风味（30）	气味正常，芳香，酸甜适中，无异味	

六、思考题

1. 发酵香肠常用的菌种有哪些？如何使用？
2. 发酵香肠的种类有哪些？

七、注意事项及其他说明

在肉类原料的整理和标准化操作过程中,注意刀具的安全使用。在配制辅料时注意原辅料的确认和称量的准确。

项目四 乳制品加工实训

实训一 发酵酸乳的加工

一、实训目的

    1. 掌握发酵酸乳的加工方法和基本原理。
    2. 了解发酵酸乳的工艺参数和配方。

二、实训原理

    酸乳即在添加（或不添加）乳粉（或脱脂乳粉）的乳中（杀菌乳或浓缩乳），由于保加利亚乳杆菌和嗜热链球菌的作用进行乳酸发酵制成的凝乳状产品，成品中必须含有大量的、相应的活性微生物。乳酸发酵受到原料乳质量和处理方式、发酵剂的种类和加入量、发酵温度和时间等多种因素的影响。

三、材料与设备

    1. 材料
    脱脂乳粉、白砂糖、乳酸菌发酵剂。
    2. 设备
    不锈钢锅、水浴锅、培养箱、台秤、天平、塑料杯或玻璃瓶等。

四、实训操作

    1. 配方
    乳粉 12%~15%、白砂糖 5%~8%、发酵剂 3%~5%。
    2. 工艺流程

乳粉→复水→均质→溶糖→杀菌→冷却→接种→搅拌→装杯→封盖→培养→冷却→成品

（接种上方为：发酵剂↓）

3. 操作要点

（1）配料　乳粉12%～15%、白砂糖5%～8%，用水温65～85℃热水溶解水合。

（2）杀菌　用热水杀菌，杀菌公式为15min/85℃，冷却至42℃左右。

（3）接种　以3%～5%比例把工作发酵剂加到混料之中，搅拌均匀。把搅拌均匀后的物料装入玻璃杯，每杯150g。发酵剂的制备如下：

①乳酸菌纯培养物：10%的脱脂乳分装于灭菌试管灭菌（15min/115℃）、冷却（40℃）、接种（已活化的菌种1%～2%）、培养（3～6h/45℃）、凝固、冷却至4℃冷藏备用。一般重复上述工艺4～5次，接种3～4h后凝固，酸度达90°T左右为准。

②制备母发酵剂：10%的脱脂乳分装于灭菌的三角瓶（300～400mL）、灭菌（15min/115℃）、冷却（40℃）、接种（乳酸菌纯培养物，2%～3%）、培养（3～6h/37～45℃）、凝固、冷却至4℃、冷藏备用。

③制备工作发酵剂：10%的脱脂乳、杀菌（15min/85℃）、冷却（40℃）、接种（母发酵剂，2%～3%）、培养（37～45℃/3～6h）、凝固、冷却至4℃冷藏备用。

（4）培养　把接种混料放入培养箱，在42℃培养，每隔30min测定酸度和pH。当混料的pH降至4.6～4.8，达到乳酸度70～80°T，凝乳组织均匀、致密、无乳清析出，表明凝块质地良好，达到发酵终点。

（5）冷却　快速使酸乳冷却至4℃，冷藏。

五、实训结果

1. 感官评价

对产品进行感官评价。

（1）组织状态　凝块均匀细腻，无气泡，允许有少量乳清析出。

（2）滋味和气味　具有纯乳酸发酵剂制成的酸牛乳特有的滋味和气味，无酒精发酵味、霉味和其他外来的不良气味。

（3）色泽　色泽均匀一致，呈乳白色或稍带微黄色。

2. 理化指标

测定产品中的脂肪、全乳固体、酸度含量。

要求脂肪≥3.0%（扣除白砂糖计算），全乳固体≥11.5%，酸度70～110°T。

六、思考题

1. 如果制作搅拌型酸乳，本实训的工艺流程和操作要点应做何调整？
2. 凝固型酸乳出现质量问题主要表现在哪些方面？如何来控制？

实训二　冰淇淋与雪糕的加工

一、实训目的

1. 掌握冰淇淋、雪糕的加工工艺和操作规程。
2. 了解冰淇淋、雪糕的工艺参数和实训配方。

二、实训原理

冰淇淋是以饮用水、乳品、蛋品、甜味剂、油脂等为主要原料，加入适量香料、稳定剂、乳化剂、着色剂等食品添加剂，经混合、杀菌、均质、老化、凝冻等工艺，或再经成形、硬化等工艺制成的体积膨胀的冷冻饮品。

冰淇淋和雪糕不同的主要工序是凝冻。凝冻是冰淇淋加工的最重要工序，是达到冰淇淋膨化的重要操作。通过凝冻使冰淇淋的水分形成微细的冰结晶；使空气进入并将空气均匀地混合于混合料中，呈微小气泡状态；使冰淇淋成形效果好；对冰淇淋质量和产量有很大关系。

雪糕是用乳与乳制品或豆乳品，加入甜味剂、油脂、稳定剂、香精以及着色剂等配制冻结而成。

三、材料与设备

1. 材料

全脂乳粉、白砂糖、麦芽糊精、玉米糖浆、稳定剂、香精等。

2. 设备

高速混料缸、均质机、凝冻机、冰淇淋雪糕机、低温冰箱等。

四、实训步骤

1. 配方（甜牛奶冰淇淋、雪糕，以 kg 计）

全脂乳粉	80	冰淇淋乳化稳定剂	4
棕榈油	55	浓缩鲜奶香精	1
麦芽糊精	20	乳化炼乳香精	0.5
白砂糖	120	水	补足至1000
玉米糖浆	80		

2. 工艺流程

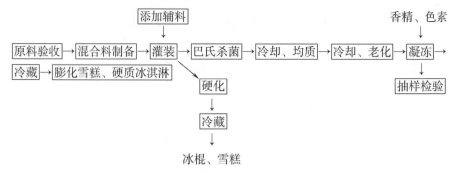

3. 主要工序的技术参数

(1) 原料混配温度 50~60℃。

(2) 杀菌条件 85℃,25min。

(3) 均质条件 60℃,15~18MPa。

(4) 老化条件 2~4℃,4h。

(5) 凝冻机电流 I = 4.5~5.0A。

(6) 速冻温度 -40~-35℃。

(7) 膨胀率 90%~100%。

4. 操作要点

(1) 开启凝冻机的电源总开关,对压缩机中的润滑油进行预热。初次开机需进行3h的预热。

(2) 对凝冻机进行清洗。将15~20L加有中性洗涤剂的热水倒进料箱。启动空气混合泵将热水送进凝冻筒,开动搅拌器进行清洗,之后用清水清洗。待清洗完毕后,停机,松去有关管接头,放掉残液。

(3) 把料温在2~4℃的混合原料送入料箱,开启料阀及空气混合泵,向凝冻筒送料。

(4) 当凝冻器上部的出料口有混合原料溢出时,关闭空气混合泵,开动搅拌器(此时搅拌器电机电流一般为3~4A)。

(5) 当搅拌器及冷凝器工作正常时,启动压缩机(必须先启动搅拌器电机,否则无法启动压缩机)。当机器吸气压力表温度在-30~-25℃,搅拌器电机电流在5A左右时(比空载电流大1A),立即开启空气混合泵向凝冻筒内送料。

(6) 用无级调速手轮(或直接用变频器按钮)缓慢调节进料速度,当出料由稀变稠时,调节吸气阀及压力调节阀,使出料达到所要求的质量。若进料速度一定时,出料质地太硬或太软,打开融霜开关,可调节融霜阀,来达到制品的要求。

(7) 生产结束时,关闭压缩机,打开融霜开关及融霜阀。减慢送料速度,直至所出料由稠变稀时,关闭空气混合泵和进料阀。

(8) 关闭冷凝器的进水阀。搅拌器继续运转5~10min,电流表数值不再升高时,关闭搅拌器,切断控制电源。当环境温度较低时,为防止冻坏冷凝器,应将冷凝器中的剩水放掉或吸出。

五、实训结果

1. 冰淇淋膨胀率测定，具体方法见本页附文。
2. 冰淇淋感官鉴定实训记录填入表4-1。

表4-1　　　　　　　　　　实训记录表

膨胀率测定		感官鉴定			
第一次		组织粗糙程度		色泽	
第二次		组织松软程度		主香气	
第三次		形体软塌程度		辅香气	
平均值		形体收缩程度		综合评价	

六、思考题

1. 提高冰淇淋膨胀率的方法有哪几种？
2. 增稠剂和乳化剂在冰淇淋和雪糕加工中各起怎样的作用？对制品的质地和口感有何影响？

附：冰淇淋的膨胀率及计算

1. 膨胀率

冰淇淋膨胀率是指冰淇淋体积与混合原料体积相比，体积增加的百分率。其体积的增加包括两部分：一是均匀混入的空气泡而增加的体积；二是由于混合原料中大部分的水分结冰而增加的体积。

2. 膨胀率的计算

根据膨胀率的概念，冰淇淋膨胀率的计算方法有两种：一种为体积计算法，另一种为质量计算法。这两种方法在凝冻操作及生产后对冰淇淋膨胀率的测定时常用。

（1）体积计算法　根据称量的同质量混合原料的体积与同重量冰淇淋的体积，按照下式进行计算：

$$B = \frac{V_1 - V_m}{V_m} \times 100\%$$

式中　B——膨胀率，%

　　　V_1——同质量下冰淇淋的体积，L

　　　V_m——同质量下混合原料的体积，L

例如　在冰淇淋生产中，将等质量500L冰淇淋浆料膨化成1000L冰淇淋，其膨胀率是多少？

解：

$$B = \frac{1000 - 500}{500} \times 100\% = 100\%$$

(2) 质量计算法 该计算法是依据同一体积下，不同的混合原料与冰淇淋的质量进行计算。计算式如下：

$$B = \frac{m_M - m_I}{m_I} \times 100\%$$

式中 B—— 膨胀率，%

m_M——单位体积内混合原料的质量，g

m_I——同单位体积内冰淇淋的质量，g

例如 取1L冰淇淋混合原料，称其质量为600g，1L冰淇淋的浆料质量为1100g，其冰淇淋的膨胀率是多少？

解：

$$B = \frac{1100 - 600}{600} \times 100\% = 83.3\%$$

实训三 干酪加工

一、实训目的

1. 掌握干酪的生产工艺和操作规程。
2. 了解干酪的工艺参数和实训配方。

二、实训原理

干酪是在乳中加入适量的乳酸菌发酵剂和凝乳酶，使乳蛋白（主要是酪蛋白）凝固后，排除乳清，将凝块压成所需形状而制成的产品。

三、材料与设备

1. 材料

牛乳、干酪发酵剂、凝乳酶、食盐、氯化钙。

2. 设备

干酪刀、干酪容器（可将锅放入水浴锅内代替）、干酪模具、温度计、不锈钢直尺、勺子、不锈钢滤网。

干酪加工过程中所用每个工具必须先用热碱水清洗，再用200mg/kg的次氯酸钠溶液浸泡，使用前用清水冲净。

四、实训步骤

(一) 普通干酪加工

1. 配方

牛乳	7.5L	凝乳酶（1/10000）	65 滴
干酪发酵剂	75mL	盐水	18%~19%
氯化钙（33%）	2.25mL		

2. 操作要点

（1）热处理　原料乳在65℃条件下消毒30min（或72℃、15s），迅速冷至最佳发酵温度30℃。

（2）干酪容器的装填　在30℃水浴条件下将原料乳倾注在干酪容器中，并使干酪容器始终处于30℃水浴条件下。

（3）加入发酵剂　加入活化好的发酵剂并搅拌。购买的粉末状干酪发酵剂必须经活化后才能使用，干酪发酵剂是嗜中温发酵剂，活化条件为温度22℃、时间18h，活化后发酵剂的酸度应为0.8%左右。

（4）加入氯化钙　加入发酵剂后再加入2.25mL的氯化钙溶液并搅拌。氯化钙要事先配成33%溶液，添加量为100L原料乳中添加30mL。

（5）加入凝乳酶　加入发酵剂30min后，加入65滴凝乳酶。在滴入过程中不断搅动，加完65滴后停止搅动。

（6）凝乳块搅拌和切割　使乳在水浴中再静置30min后，检验凝乳块是否形成。如果凝乳成功就可以开始切割，否则可以再等一段时间，直至凝乳块形成。开始顺着容器壁切下去，然后再向凝乳块中间切下去，接着向不同方向切，切割时动作要轻，切割过程在大约10min内完成，直到0.5~1cm^{3}小凝乳块形成。

（7）乳清分离　切割后开始小心搅动，同时从干酪槽中去除乳清，直到物料体积变为最初的1/2。

（8）凝乳块洗涤　洗涤是为了降低乳酸浓度，并获得合适的搅拌温度。洗涤持续20min，如果时间过长，那么就有过多乳糖和凝乳酶留在凝乳块中的危险。乳清分离后，在不断搅动情况下，加入60~65℃经过煮沸的热水，直至凝乳块的温度为33℃，使物料体积还原为原来，然后再持续搅动10min，10min后盖干酪槽，将其放入36℃水浴中持续30min。

（9）干酪压滤器装填　用手将凝乳块装入干酪模具，使凝乳块达到模具高度的2倍，然后合上模具。

（10）压榨成型　通常一次装好一个1kg的模具，将模具放在干酪压榨机上，然后持续压榨0.5h，然后将干酪从模具中取出，翻转，再放回模具中，继续压榨3.5h。压榨时保证干酪上压强为1MPa。

（11）盐腌　压榨成型后，将干酪从压滤器中取出，放入18%~20%、13~14℃的盐水中浸泡24h。

（12）成熟　放在温度12℃、相对湿度85%发酵间中的木制隔板上，持续成熟4周以上。发酵开始约1周内每日翻转干酪1次，并进行整理。1~2周后用专用树脂涂抹，以防表面龟裂。

（二）农家干酪

1. 配方

牛乳 7.5L、干酪发酵剂 75mL、凝乳酶（1/100006）6 滴。

剁碎的蒜、大葱、洋葱或红辣椒；五香粉、孜然粉、辣椒粉等香料，也可以混入一些莳萝籽、香菜籽或黑胡椒粉；盐等。

2. 操作要点

（1）热处理　原料乳在 65℃ 条件下消毒 30min（或 72℃、15s），迅速冷至发酵温度 22℃。

（2）加入发酵剂、凝乳酶　将乳倾注在干酪容器中，加入活化好的发酵剂并搅拌。活化温度为 22℃，活化后发酵剂的酸度应为 0.8% 左右。同时加入 6 滴凝乳酶，边加入边搅拌均匀。

（3）发酵　然后放入 22℃ 的发酵箱，发酵 18h。

（4）凝乳块切割和搅拌　凝乳块形成后，就可以开始切割。开始顺着容器壁切下去，然后再向凝乳块中间切下去，接着向不同方向切，切割时动作要轻，切割过程在大约 10min 内完成，直到 0.5~1cm³ 小凝乳块形成。

（5）乳清分离　切割后开始小心搅动，同时从干酪槽中去除乳清，直到物料体积变为最小。

（6）排干乳清　将凝乳块装入干酪布中吊挂起来，直至乳清不再沥出。

（7）调味　然后将干酪取出，按口味加入各种调味料，也可夹入主食面包、烧饼食用。

（三）软质羊乳乳干酪

1. 配方

全脂羊乳 7.5L、干酪发酵剂 75mL、凝乳酶（1/10000）6 滴。

剁碎的蒜、大葱、洋葱或红辣椒；五香粉、孜然粉、辣椒粉等香料，也可以混入一些莳萝籽、香菜籽或黑胡椒粉；盐等。

2. 操作要点

（1）成熟与凝乳　将巴氏消毒后的全脂羊乳冷却至 22℃，加入 1% 嗜中温乳酪发酵剂，搅拌均匀。在量杯中放入 5 汤匙凉开水，滴入 6 滴凝乳酶搅匀。在羊乳中加入稀释好的凝乳酶，搅拌均匀。盖上盖子将羊乳置于 22℃ 凝乳 18h，直到形成凝乳块。

（2）排除乳清　用干酪刀将凝乳块切割成 1cm³ 见方小块，将凝乳块舀入羊乳干酪模具中。模具满后放到便于排水的地方，让乳清沥出。

（3）食用　2d 后由于乳清排出，干酪高度下降至 2.5cm 并形成坚实的块状物。这时干酪可以现吃，也可以装入塑料袋放入冰箱贮存两周后食用。

（4）加入调味料的乳酪　将凝乳块装入模具时，装一层凝乳块，撒一层调味料,最后可得到一些有特殊风味的软质羊乳干酪。

(四) 羊乳干酪——Feta

Feta 是一种起源于希腊,用绵羊乳或山羊乳制作的咸味较重的干酪。它们常被切成小块用于装饰新鲜沙拉。

1. 配方

羊乳	3.8L	凝乳酶	按活力程度添加
发酵剂	57mL	盐	1%~3%

2. 操作要点

(1) 静置 将羊乳经低温巴氏消毒并冷却到30℃条件下操作,添加57mL羊乳干酪发酵剂,搅拌均匀,静置1h。

(2) 凝乳 稀释凝乳酶并放入1/4杯凉开水中,稀释好后加入羊乳中搅匀,并盖上盖子静置1h。

(3) 切割凝乳块 将凝乳块切割成1.25cm见方的块,静置10min,然后缓慢搅拌20min。

(4) 沥干 将凝块倒入铺有滤布的滤器中,将滤布四周绑起吊挂4h沥干水分。

(5) 腌制 取下布袋打开,取出干酪切成2.5cm见方的块,按照口味将少许盐均匀撒在干酪上。然后将干酪放入带盖的碗中在7℃冰箱中老化4~5d。如果要求风味浓郁的干酪,干酪可浸于盐水中,在7℃冰箱中放30d,盐水是用64g盐加入1.9L水混匀而成的。

五、实训结果

对产品进行感官评价,见表4-2。

表4-2　　　　　　　干酪感官评价表

评价指标	感官要求	得分
滋味与气味(50)	具有该种干酪特有气味,具有温和奶香味,稍有酸味	
	具有该种干酪特有气味,香味较温和,稍有酸味	
	滋、气味良好但香味较淡	
	滋、气味一般,但香味淡	
	滋、气味不足且无乳香味	
	有饲料味	
	有异常酸味	
	蒸煮味	
	酸败味	
	氧化味	
	有明显的异常味	

续表

评价指标	感官要求	得分
组织形态（30）	质地均匀，柔软潮湿，组织极细腻 质地均匀、软硬适度，组织细腻，有少量乳清析出 质地基本均匀、稍软或稍硬，组织较细腻 组织状态呈脆性，较硬 组织状态呈脆性，较硬	
色泽（10分）	色泽呈白色，光滑柔软有光泽 色泽稍有变化 色泽稍有明显变化	
外形（10分）	外形良好，具有该种产品正常的形状 表面有霉菌者 包装合格 包装较差	

六、思考题

1. 干酪加工过程中，凝乳酶的作用是什么？
2. 简述干酪的分类及特点。
3. 干酪加工过程中，食盐的作用是什么？

实训四 消毒乳加工

一、实训目的

掌握消毒乳的加工工艺、操作过程和加工原理。

二、实训原理

消毒乳是以新鲜乳为原料，经净化、均质、灭菌和无菌包装或包装后再进行灭菌而加工成的商品乳。

三、材料与设备

1. 材料

鲜乳、纱布。

2. 设备

铝锅、电炉、石棉网、分离机、乳瓶、高压灭菌锅、乳桶、冷却水槽。

四、实训步骤

1. 工艺流程

$$\boxed{过滤}$$
$$\downarrow$$
$\boxed{鲜乳验收}\rightarrow\boxed{净化分离}\rightarrow\boxed{预热}\rightarrow\boxed{均质}\rightarrow\boxed{高温瞬时杀菌（HTST）}\rightarrow\boxed{冷却}\rightarrow\boxed{封盖}\rightarrow\boxed{冷贮}$

2. 操作方法

（1）鲜乳验收　检验的主要项目有牛乳的色泽、气味、温度、相对密度、酒精实训酸度、脂肪含量、蛋白质含量、细菌数、杂质等。凡不符合标准的牛乳，决不能作为消毒乳的原料。

（2）过滤净化　检验合格的乳称量计量后进行过滤净化，过滤用多层纱布，除掉牛乳中的杂质，再于分离机进行净化，净化前将乳加热至35~40℃，净化的同时可将乳脂肪分离出来。

（3）预热均质　均质就是使牛乳中的大脂肪球在强力的机械作用下被破碎成小的脂肪球，其目的是为了防止脂肪的上浮分离，提高牛乳的消化吸收率。其方法是先将牛乳预热至60℃左右，然后使其通过14~21MPa压力的均质阀而使其脂肪球破碎。

（4）杀菌和灭菌　这是关键工序，一般采用加热的方法来杀菌，杀菌的方法有三种：第一种是低温长时间杀菌法，又称巴氏杀菌法。其方法是将牛乳加热到61.5~65℃，保持30min。第二种是高温短时杀菌法，此法也是目前较为广泛采用的牛乳灭菌法。一般在75℃维持3~5min；85℃维持15s；90℃维持数秒钟。其优点是便于连续性生产。第三种是超高温瞬时杀菌法。即将牛乳加热到130~150℃保持0.5~2s，之后立即冷却到20℃。无论采用哪种方法，均应迅速使牛乳降温以减少高温对牛乳品质的影响。

（5）冷却　将消毒乳迅速冷却至4~6℃，如果是瓶装灭菌乳则冷却至10℃左右即可。

（6）灌装　巴式消毒在杀菌冷却后灌装可用玻璃瓶，马上封盖再冷贮于4~5℃的条件下，使其具有防腐性，

五、实训结果

1. 对产品进行感官评价，见表4-3。

表 4-3　　　　　　　　消毒乳感官评价表

评价指标	感官要求	得分
色泽（10）	呈均匀一致的乳白色或稍带微黄色	
滋味与气味（50）	具有全脂巴氏杀菌乳的纯香味，无蒸煮味、无饲料味、无其他异味	
组织形态（40）	呈均匀的流体。无沉淀，无凝块，无机械杂质，无黏稠和浓厚现象，无脂肪上浮现象	

2. 对产品进行理化检测

（1）测定蛋白质含量，要求蛋白质含量≥2.95%。

（2）测定脂肪含量，要求脂肪含量≥3.10%。

（3）测定酸度，要求酸度≤18°T。

六、思考题

1. 简述消毒乳常用的灭菌方法的要点。
2. 简述消毒乳的种类有哪些。

实训五　乳饮料加工

一、实训目的

掌握乳饮料的加工工艺、操作过程和加工原理。

二、实训原理

乳饮料是指以新鲜牛乳为原料，加入水与适量辅料如咖啡、可可、果汁和蔗糖等物质后，进行有效杀菌制成的相应风味的含乳饮料。

三、材料与设备

1. 材料

咖啡、糖、乳粉、净化水、焦糖、碳酸氢钠、食盐、海藻酸钠、苹果或草莓、柠檬酸。

2. 设备

电炉、乳桶、1000mL 烧杯、150 或 500mL 烧杯、乳瓶、托盘天平、高压锅。

四、实训步骤

(一) 咖啡乳饮料加工

1. 配方（每100kg水中配料，kg）

咖啡	0.6	乳粉	3
食盐	0.03	CMC或海藻酸钠	0.2
白砂糖	8.5	焦糖	0.15
碳酸氢钠	0.05	咖啡香精	0.05

2. 工艺流程

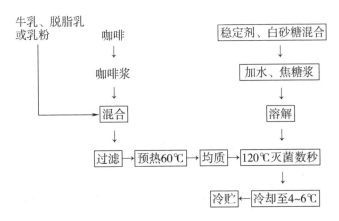

3. 操作要点

（1）将白砂糖和稳定剂混合后加入少部分水溶解制成2%～3%的溶液，并加入咖啡。

（2）将乳粉用少量热水溶解。

（3）将碳酸氢钠、食盐、焦糖等用少量水溶解（所有用水都计于总水量中）。

（4）将上述三种料液混合后，加入剩余的水量过滤，预热，均质。

（5）加热至80℃，装瓶，再120℃高压灭菌3s（或预热至40℃再灌装，水浴加热至85～90℃，保持15～20min）。如果工厂设备较好，有超高温设备，则可采用上述工艺图。

（6）冷却至10℃左右，低温贮存。

(二) 水果乳饮料

1. 配方（每100kg水中配料，kg）

白砂糖	18	柠檬酸	0.15
草莓	20	CMC或果胶	0.3
乳粉	8	香精	0.1

2. 工艺流程

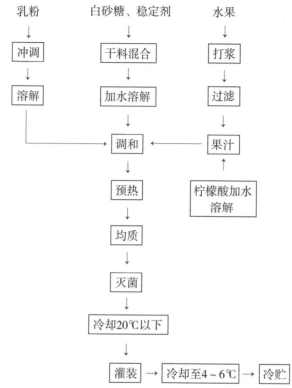

3. 操作要点

（1）用高速电磨机将苹果或草莓打碎，挤压出汁后，加入少部分水和柠檬酸，短时杀菌（120℃，数秒）后，冷却20℃待用，注意防止污染。

（2）将稳定剂与白砂糖干料混合后，加少部分水溶解后制成3%的溶液。

（3）将乳粉加入剩余的热水溶解后，再将稳定剂溶液加入混合，杀菌或灭菌，冷却至20～30℃，甚至20℃以下。

（4）加果汁和有机酸的混合液，边加入边搅拌，添加速度要慢。

（5）最后添加香精。

（6）如果是先灭菌，则冷却后再灌装，或是料液混合后，装瓶再高压灭菌。

五、实训结果

1. 感官指标

表4-4　　　　　　　　　　乳饮料感官评价表

评价指标	感官要求	得分
色泽（10）	具有本产品特有的色泽	
滋味与气味（40）	应具清甜醇厚的咖啡或草莓香味	

续表

评价指标	感官要求	得分
组织形态（40）	乳液均匀浑浊，口感良好，无严重分层现象，长期静置后允许有少量沉淀	
杂质（10）	无肉眼可见的外来杂质	

2. 理化指标

（1）测定乳饮料中可溶性固形物的，要求可溶性固形物含量≥8.0%。

（2）测定乳饮料中蛋白质的含量，要求蛋白质含量为1.2%~1.4%。

六、思考题

可通过哪些措施来控制乳饮料经常出现的分层和沉淀现象，提高其乳化稳定性？

实训六　发酵剂的制备

一、实训目的

1. 掌握酸乳发酵剂的制备方法。
2. 熟悉酸乳发酵剂的鉴定方法。

二、实训原理

发酵剂是指生产酸乳制品时所用的特定微生物的培养物。发酵剂按物理形态分：液态发酵剂、粉状（或颗粒）发酵剂、冷冻发酵剂。

发酵剂按配合形式：单一菌种和混合菌种，常用的混合发酵剂为保加利亚乳杆菌和嗜热链球菌按1:1或1:2比例混合。发酵剂制备包括四个阶段：商品发酵剂制备、母发酵剂制备、中间发酵剂制备、生产用发酵剂制备。

三、材料与设备

（1）5~10mL吸管（灭菌）2支。

（2）50~100mL灭菌量筒2个。

（3）20mL灭菌带棉塞试管2支。

（4）150m三角烧杯2个。

（5）酒精灯1盏。

（6）脱脂棉500g。

（7）恒温箱（共用）。

（8）手提式高压灭菌器。

（9）其他（玻璃铅笔、试管架、吸耳球、火柴、水桶）。

四、实训步骤

1. 菌种的选择与活化

加工酸乳制品用发酵剂的菌种一般由专门实训室保存,使用者应根据生产的酸乳制品种类进行选择活化(表4-5)。

表4-5　　　　　　　　　　　菌种性能参数

种类	菌种	主要机能	最适温度/℃	凝乳时间/h	极限酸度/°T	适用的酸乳制品
乳酸杆菌	*L. bulgaricus*	产酸生香	45~50	12	300~400	酸凝乳、牛乳
	L. bulgaricus	产酸生香	40~42			马乳酒
	L. acidophilus	产酸	45~50	12	300~400	嗜酸菌乳
	L. casei	产酸	45~50	12	300~400	液状酸凝乳
乳酸球菌	*Str. thermophilus*	产酸	50			酸凝乳
	Str. lactis	产酸	30~35	12	120	人工酪、乳酸、稀乳油
	Str. cremoris	产酸	30	12~14	110~115	人工酪、乳酸、稀乳油
	Str. diacetilactis	产酸产香	30	18~48	100~105	人工酪、乳酸、稀乳油
	Str. cremoris	生香	30			人工酪、乳酸、稀乳油
酵母	*Candida. refyr*	生醇、二氧化碳	16~20	15~18		牛乳酒
	Kluyeromyces	生醇、二氧化碳				牛乳酒
	Frsgilis	生醇、二氧化碳				牛乳酒

2. 活化菌种

按无菌操作进行,菌种为液体时,用灭菌吸管取1~2mL接种于装灭菌脱脂乳的试管中(10mL脱脂乳)。菌种为粉状的用灭菌铂耳或玻璃棒取少量接种于灭菌脱脂乳的试管中混合,然后置于恒温中根据不同菌种的特性选择培养温度与时间,培养活化。活化可进行一至数次,依菌种活力确定。

3. 调制母发酵剂

将脱脂乳分装于试管中和三角烧杯中,每瓶中10mL,每个三角瓶中100~150mL,然后盖上棉塞,硫酸纸,扎紧后进行高压灭菌,灭菌温度在120℃,保持5min,之后,慢慢放气,取出灭菌乳冷却至42℃左右再进行接种,接种2%~3%,充分混匀后,置于恒温中培养(40~42℃,2.5~3h),三角瓶中菌种供制生产发酵剂用,试管中菌种仍可作为原菌种保留,原菌种更新周期一般为3d,最长不得超过1周。制备好的菌种放于冰箱内保存。

4. 调制生产发酵剂

将脱脂乳分装于500mL以上的三角瓶中或不锈钢培养缸中(缸的容量在

2.5~5kg），盖严后进行灭菌，灭菌温度在120℃，5min后按上述方法取出冷却至45℃接种，接种量在2%~5%，充分混合后置于恒温箱中培养（40~45℃，2.5~3h）。此菌种供生产酸乳制品时使用。

五、实训结果

1. 感官检验

观察发酵剂的质地、组织状态、凝固与乳清析出的情况，味道和色泽，好的发酵剂应凝固的均匀、细腻和致密无块状物，有一定弹性，乳清析出的少，具有一定酸味或香味，无异常味，无气泡和色泽变化。

2. 化学检验

（1）检验酸度　采用滴定法，计算出酸度或吉尔涅尔度（°T）。

①仪器：碱式滴定管及滴定架、100~150mL烧杯或三角烧杯、10~20mL吸管。

②试剂：0.1mol/L氢氧化钠；1%~2%酚酞酒精溶液。

③操作：用吸管吸取10mL发酵剂于100~150mL三角瓶中，加20mL蒸馏水混匀。加2滴酚酞酒精溶液，用0.1mol/L氢氧化钠滴定至出现玫瑰红色，且1min内不褪色为止。

④计算：

$$吉尔涅尔度(°T) = A \times F \times 10$$

式中　A——滴定时消耗的0.1mol/L（近似值）氢氧化钠的体积，mL

　　　F——0.1mol/L（近似值）氢氧化钠的校正系数

　　　10——乳样的倍数

$$乳酸(\%) = \frac{B \times F \times 0.009}{乳样的毫升数 \times 乳的密度}$$

式中　B——中和乳样的酸所消耗的0.1mol/L（近似值）氢氧化钠的体积，mL

　　　F——0.1mol/L（近似值）氢氧化钠的校正系数

　　0.009——0.1mol/L、1mL氢氧化钠能结合0.009g乳酸

（2）细菌学检验　细菌学检验主要检验发酵剂的乳酸菌数和杂菌污染情况。一般是先进行显微镜直接计数。由于发酵剂含菌数过高，需要将发酵剂进行百倍或千倍稀释。在计数时要注意观察有无污染，品质好的发酵剂每1mL内活菌数不应少于10^9个。

（3）活力检验　以乳酸菌产酸和色素还原能力来确定发酵剂的活力。

①酸度测定法：向灭菌脱脂乳中加3%发酵剂，在37.8℃或30℃培养3.5h，再滴定其酸度，以酸度值来表示结果，酸度超过0.4%为活力较好。

②刃天青还原法：将1mL发酵剂加入9mL灭菌脱脂乳中，并加0.05%刃天青溶液1mL在36.7℃保温30min后开始观察，其后每5min观察一次结果，淡粉红色为终点，对照组不含发酵剂空白灭菌乳的还原时间不应少于4h。

六、思考题

1. 简述酸奶发酵用乳酸菌的作用及种类。
2. 乳酸菌如何进行活化？

实训七　乳的真空浓缩

一、实训目的

学会使用真空旋转蒸发仪，掌握真空浓缩的原理及方法。

二、实训原理

用真空旋转蒸发仪，经过一步很快的蒸馏操作，能使产品在很好的状态下实现浓缩的目的，操作的基本原理是将旋转蒸发瓶中的溶剂蒸发和浓缩，蒸发过程在真空状态下进行。

三、材料与设备

1. 材料

鲜乳。

2. 设备

真空旋转蒸发仪见图4-1。

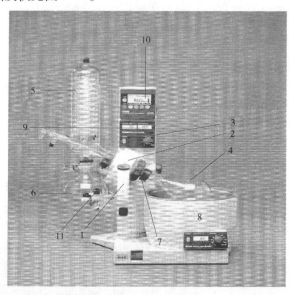

图4-1　真空旋转蒸发仪

1—升降开关　2—升降台　3—电子开关　4—蒸馏瓶　5—玻璃装置　6—接收瓶
7—加热盆　8—温度显示器　9—真空控制器　10—真空管

四、操作方法

(1) 首先在加热盆中加入加热介质（牛乳），接通冷却水。
(2) 接通电源，将需浓缩物料加入蒸发瓶中，旋紧蒸发瓶。
(3) 打开自动升降开关，使蒸发瓶进入加热盆中。
(4) 打开真空泵开关，使蒸发瓶进入加热盆中。
(5) 打开加热盆开关，缓慢升温至物料沸腾，直至浓缩完成。
(6) 如在蒸发过程中需要补料，可通过自动进料管直接进料。
(7) 蒸发完毕后，提起升降台，关闭真空泵、冷却水、加热盆开关，切断电源。
(8) 破真空后，方可取下蒸发瓶，倒出浓缩好的物料。
(9) 最后倒出加热介质，对仪器及玻璃容器进行清洗。

五、实训结果

测定浓缩后乳的乳固体含量（浓缩后要求达到物料中乳固体含量45%左右）。

六、思考题

1. 简述乳真空浓缩的目的。
2. 简述乳真空浓缩的优点。

七、注意事项

1. 玻璃容器只能用专用洗涤剂清洗，不能用去污粉和洗衣粉防止划伤瓶壁。
2. 当突然停电而又要提起升降台时，可用手动升降按钮。
3. 升温速度一定要慢，尤其在浓缩易挥发物料时。

实训八　乳的喷雾干燥

一、目的要求

学会使用喷雾干燥仪，掌握喷雾干燥的原理及方法。

二、实训原理

在高压或离心力的作用下，浓缩乳通过雾化器向干燥室内喷成雾状，形成无数细滴（直径 10~200μm），增大受热表面积可加速蒸发。雾滴一经与同时鼓入的热空气接触，水分便在瞬间蒸发除去。经 15~30s 的干燥时间便得到干燥的乳粉。

三、材料与设备

1. 材料

鲜乳。

2. 设备

喷雾干燥仪见图4-2。

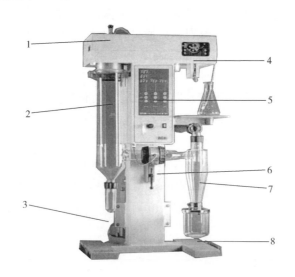

图4-2　喷雾干燥仪

1—喷嘴　2—喷雾干燥室　3—分离器　4—进料泵　5—控制台
6—温度探测器　7—旋风分离室　8—收集杯

四、实训步骤

1. 开机步骤

（1）启动空压机待达到压力后，微开空压机阀门。

（2）如果仪器安装有喷嘴自动清洗机构，调节清洗机构旋钮使机构上的气压表指示0.45MPa。

（3）调节气流旋钮，将空气流量设置在400~800L/H。

（4）打开仪器主电源开关，打开并调节通风旋钮，设定入口温度。

（5）打开加热开关，加热指示灯亮，当系统稳定后熄灭。

（6）如有必要，打开喷嘴冷却水阀，以及喷嘴清洗机构开关。

（7）将进样管插入盛蒸馏水的锥型瓶中，打开进样泵。

（8）调节泵速达到最佳状态后，以实际样品替代蒸馏水。

（9）整个操作过程中，如发生喷嘴堵塞应立即停机清洗喷嘴。

（10）轻敲玻璃部件可震落一部分黏附在管壁上的粉末。

2. 关机步骤

(1) 样品喷射结束后,用蒸馏水持续喷射一段时间以清洗喷嘴及管路。
(2) 排空进样管,关闭泵,降低泵床。
(3) 关闭喷嘴自动清洗机构。
(4) 关闭加热装置。
(5) 等待系统冷却。
(6) 入口和出口温度均低于70℃时,可关闭通风旋钮。
(7) 移下收集杯,取出产物。
(8) 拆卸玻璃部件,喷嘴和进样管进行清洗。

五、实训结果

1. 记录喷雾干燥仪喷雾时的工艺参数。

指标	喷雾嘴的进风压力/MPa	进气温度/℃	压缩空气流量/（L/H）
数值			

2. 称量喷雾干燥后乳粉的质量。

六、思考题

1. 简述喷雾干燥的工作原理。
2. 简述喷雾干燥工艺的优点。

项目五 软饮料加工实训

实训一 果汁饮料加工

一、实训目的

1. 了解混浊型果汁饮料的一般生产过程，掌握原料预处理、榨汁、均质、杀菌等流程。
2. 理解配方设计及各成分作用，重点掌握配料预处理及调配。
3. 掌握果汁饮料可溶性固形物、pH 的测定方法。

二、实训原理

果汁饮料是以原果汁或浓缩果汁为原料，加水、糖、酸、香精等调配而成的混汁或清汁制品，成品中果汁含量≥10%（质量体积比）。

三、材料与设备

1. 材料

白砂糖、防腐剂（山梨酸钾）、酸味剂（柠檬酸）、新鲜水果（苹果、甜橙）、色素（日落黄、胭脂红、柠檬黄）、香精（苹果、甜橙香精）、工业酒精（瓶盖消毒）、饮料瓶、瓶盖。

2. 设备

切瓜果机、果蔬榨汁机、手持糖量计、pH 计、温度计、轧盖机、电子天平、搅拌器、高剪切混合乳化机、高压均质机、不锈钢桶、不锈钢锅、量筒、烧杯、汤匙、药匙。

四、实训步骤

1. 配方

果汁饮料：1000mL，pH3.0，其中原果汁10%（质量体积比），其余配方见表 5-1。

表 5-1　　　　　　　　　　　　　果汁饮料配方

配料	白砂糖	山梨酸钾	柠檬酸	柠檬酸钠	抗坏血酸	果汁	稳定剂	日落黄	柠檬黄	香精
甜橙饮料	10	0.02	0.18	0.05	0.02	10	适量	0.0015	0.0005	0.1
苹果饮料	10	0.02	0.14	0.05	0.02	10	适量	0	0	0.1

＊稳定剂：黄原胶 0.0625% + 瓜尔豆胶 0.0325% + CMC-Na 0.0085%。

2. 工艺流程

原料→选果洗净→破碎榨汁筛滤→杀菌冷却→离心分离→原果汁↓

配料计算→配料预处理→称量→调配→加水定位→冷均质→杀菌→热灌装→封盖→冷却

3. 操作要点

（1）原果预处理

①选果：选择成熟晚、适于取汁品种为原料，如国光、红玉等，剔除病虫害果及腐败果。

②洗净：用水冲洗干净后剥皮去芯。

③破碎榨汁：添加抗坏血酸抑制多酚氧化酶活力，用量为苹果原料的 0.02%（400mL×0.05%抗坏血酸/1kg 苹果）；或 95~100℃加热 5min 钝化酶活。

④杀菌冷却：95℃、15~30s；或微波高火杀菌。

⑤离心分离：2000r/min，5min。

（2）配料预处理

①白砂糖糖浆的制备（65°Bé）：加水时一定不要超过量；刚开始煮开时注意火候及搅拌；用微火煮沸 5min；趁热过滤；取样冷却后用手持糖量计测糖度。

②防腐剂：10%山梨酸钾溶液。

③酸味剂：50%柠檬酸溶液，10%柠檬酸钠。

④稳定剂：黄原胶 + 瓜尔豆胶 + CMC-Na 和糖粉（1:8）混匀，加入温水搅拌溶解。

⑤色素：1%日落黄溶液，0.5%柠檬黄。

（3）调配　边搅拌边逐个加入混匀，具体配料顺序为：原糖浆 + 防腐剂 + 酸 + 果汁 + 稳定剂 + 色素 + 香精。

（4）冷均质　15~20MPa。

（5）杀菌　95℃，15~20s。

（6）热灌装　85~87℃。

五、实训结果

1. 理化指标

（1）测定产品中可溶性固形物含量，要求可溶性固形物含量（20℃折光法计）≥4.5g/100g。

（2）测定产品总酸含量，要求总酸（以柠檬酸计）≥0.1g/100g。

2. 感官指标

果汁饮料的感官评价表见表5-2。

表5-2　　　　　　　　　果汁饮料感官评价

检验项目	质量评价	得分
色泽（10）	接近新鲜果或果汁的色泽	
香气（20）	具有该品种鲜水果香气，香气协调柔和	
滋味（30）	具有该品种鲜果汁滋味，味感协调柔和	
外观形态（5）	灌装液位与瓶口距离2~6cm，瓶间液面差距≤2cm	
浊度（5）	混浊度均匀一致，浊度相宜	
杂质（10）	无杂质	
封盖（10）	封盖完整紧密，瓶盖整洁	
瓶子和商标（10）	瓶盖商标纸之一或分别具有注册商标品名厂名，图案清晰完整，商标黏贴端正，瓶子符合产品包装要求	

六、思考题

1. 原果汁制取时的关键步骤有哪些？
2. 果汁饮料配制应注意什么？

实训二　植物蛋白饮料加工及其稳定性测定

一、实训目的

1. 熟悉植物蛋白饮料的一般生产过程，理解各操作步骤的要点及作用，重点掌握豆腥味产生的原因及去腥方法。

2. 了解植物蛋白饮料稳定性的主要影响因素，比较不同稳定剂及配比、添加量对蛋白饮料的稳定效果，掌握蛋白饮料的稳定性评价方法。

二、实训原理

植物蛋白饮料是以植物果仁、果肉及大豆为原料（如大豆、花生、杏仁、核桃仁、椰子等），经加工、调配后，再通过高压杀菌、无菌包装制得的乳状饮料。

三、材料与设备

1. 材料

大豆、全脂乳粉、小苏打、白砂糖、单甘酯、蔗糖酯、香精、饮料瓶、瓶盖。

2. 设备

磨浆机、胶体磨、高压均质机、高压杀菌锅、真空脱气机、离心沉淀机、电子天平、温度计、不锈钢桶、不锈钢锅、量筒、汤匙、烧杯、药匙。

四、实训步骤

1. 配方（以奶味豆乳饮料产品为基数，质量体积比）

豆乳基料	40%	全脂乳粉	0.5%（鲜乳3%）
白砂糖	4%	蔗糖酯或单甘酯	0.1%
CMC - Na	0.1%		

2. 工艺流程

大豆→浸泡→磨浆→浆渣分离→脱臭→豆乳基→调配→均质→灌装→密封→杀菌→冷却→产品检验

3. 操作要点

（1）浸泡、磨浆　将大豆浸入常温水中，大豆:水 = 1:3，16～20h（冬季），8～12h（夏季）；大豆吸水量1:(1～1.2)，即增重至2.0～2.2倍。或将除杂后的大豆浸入沸腾的1%小苏打溶液中，豆与小苏打溶液比为1:(8～10)，再迅速加热至沸腾，保持6min，取出沥干；再用82℃以上的热水冲碱洗豆（要漂洗干净，否则色黄）。

浸泡好的大豆洗净沥干后加热水或加0.1%小苏打溶液（>90℃）磨浆，豆与小苏打溶液比为1:(8～10)，磨浆时料温始终不得低于82℃。

（2）浆渣分离　热浆黏度低，趁热离心分离2000r/min，5min；或8层纱布过滤。

（3）脱臭　真空脱臭（26.6～39.9kPa）；或煮浆除部分豆腥味。

（4）调配　白砂糖糖浆制备时（65°Bé），加水时一定不要超过量；刚开始煮开时注意火候及搅拌，用微火煮沸5min，趁热过滤，取样冷却后用手持糖量计测糖度。

将乳粉与42℃温水按照1:6的比例充分搅拌混匀，搅拌速度不宜过快，防止蛋白质离心沉淀，静置2h使其充分溶胀。

将稳定剂 CMC-Na 与白砂糖粉按照 1:5 的比例混合均匀，边搅拌边缓慢加入到 70~80℃ 的热水中，充分分散后静置 30min 左右使其充分溶胀成 2%~3% 的胶体溶液。

乳化剂单甘酯隔水加热融化后，加热水（>80℃）溶解；或先溶解在少量热油中，再分散至热水中。乳化剂蔗糖酯直接加热水（>80℃）溶解即可。

（5）均质　75~80℃，15kPa，5kPa 二次均质；或 75~80℃，20kPa 一次均质，注意比较两者均质效果。

（6）高温高压杀菌　121℃、15min，杀灭致病菌和大多数腐败菌，钝化胰蛋白酶抑制素。

五、实训结果

1. 感官检验

对产品进行感官评价，见表 5-3。

表 5-3　植物蛋白饮料感官评价表

评价指标	感官要求	得分
色泽（20）	色泽一致，无变色现象	
滋味与气味（30）	具有本品固有的香气及滋味，无异味	
性状（30）	均匀的乳浊状或悬浊状	
杂质（20）	无肉眼可见的外来杂质	

2. 稳定性评价

（1）快速判断法　在洁净的玻璃杯内壁上倒少量饮料成品，若其形成牛乳似的均匀薄膜，则证明该饮料质量稳定。

（2）自然沉淀观察法　将饮料成品在室温下静置于水平桌面上，观察其沉淀产生时间，沉淀产生的越快，则证明该饮料越不稳定。

（3）离心沉淀法　取样品饮料 1mL，稀释 100 倍后在 785nm 处测其吸光度，为 $A_{前}$；另取样品饮料 10mL，在 3000r/min 离心 10min 后取其上清液，稀释 100 倍后在 785nm 处测其吸光度，为 $A_{后}$。稳定系数 $R = A_{后} \times 100/A_{前}$，若 $R \geq 95\%$，则饮料稳定性良好，蛋白质等悬浮粒子沉降速度较小。

六、思考题

1. 蛋白饮料中豆腥味的来源？如何有效去除？
2. 大豆中的主要抗营养因子是什么？如何抑制其活力？
3. 植物蛋白饮料稳定性的主要影响因素是什么？如何提高其稳定性？

实训三　固体饮料加工

一、实训目的

1. 了解固体饮料的一般加工过程，掌握各步骤的操作要点。
2. 了解果香型固体饮料的配方设计及各成分作用。

二、实训原理

固体饮料是指水分含量在5%以下，具有一定形状，需经冲溶（8～10倍水）后才可饮用的颗粒状、片状、块状或粉末状的饮料。根据其组分不同，可分为三类：第一类是含有蛋白质和脂肪的蛋乳型固体饮料；第二类是含有果汁或不含果汁的果香型固体饮料，包括果汁型固体饮料和果味型固体饮料；第三类是其他类型的固体饮料。

三、材料与设备

1. 材料

白砂糖粉、麦芽糊精、柠檬酸、柠檬酸钠、抗坏血酸、浓缩果汁、日落黄、胭脂红、乙醇、硬脂酸镁、香精。

2. 设备

电子天平，水分测定仪，手持糖量计，pH计，温度计，粉碎机，搅拌器，净水器，紫外线消毒器，恒温干燥箱，真空干燥箱，造粒机，包装机，不锈钢桶，不锈钢锅，量筒，烧杯，汤匙，药匙。

四、实训步骤

1. 配方（以kg计）

浓缩果汁	5	柠檬酸钠	0.5
白砂糖粉	80	抗坏血酸	0.2
麦芽糊精	15	柠檬黄	0.012
柠檬酸	1.1	日落黄	0.004
甜橙香精	0.8	硬脂酸镁	1

2. 工艺流程

原料预处理→称量→合料→成型→干燥→筛分→包装→成品（颗粒状）

原料预处理→称量→合料→造粒→烘干→整粒→加香→加润滑剂→冲片→包装→成品（片状）

3. 操作要点

（1）原料预处理　白砂糖需先烘干（先50~60℃、后98~100℃干燥），再粉碎过筛为能通过80~100目的细粉，以保证合料均匀，不出色点和白点；麦芽糊精应过60目筛，继糖粉之后投料；柠檬酸、柠檬酸钠、抗坏血酸、色素需先分别用水溶解，然后分别投料混匀；最后投入香精，搅拌混匀。混合料中的水分含量需控制在5%~7%，如果水分含量过高，造粒机不好操作，并且颗粒坚硬；水分含量过少，产品不能形成颗粒，只能成为粉状。

（2）造粒　用摇摆式造粒机造粒，成型颗粒大小与造粒机筛网孔眼大小有关，一般以6~8目为宜。

（3）干燥　将造好粒的湿粒平铺于烘盘中，厚度在2cm以内，烘干温度、时间为65~75℃、2~3h，或80~90℃、20~30min，中间应搅拌数次，使其受热均匀干燥迅速；或采用真空干燥，真空度87~91kPa，温度50~55℃，时间30~40min。

（4）整粒　摇摆式造粒机18目筛网粉碎整粒，使其粒度均匀，利于冲片。

（5）筛分　过6~8目筛，以除掉较大颗粒或少数结块，使产品颗粒大小基本一致。

（6）包装　摊晾至室温后包装，否则产品易回潮，影响货架期。

五、实训结果

1. 感官评价

对产品进行感官评价，见表5-4。

表5-4　　　　　　　　固体饮料感官评价表

评价指标	感官要求	得分
色泽（20）	具有产品特有的色泽	
滋味与气味（30）	具有本品固有的香气及滋味，无异味	
组织与形态（30）	粉末状，具有良好的流动性，细度均匀，允许有少量结团	
冲调性（10）	冲溶后呈澄清或均匀混悬液	
杂质（10）	无肉眼可见的外来杂质	

2. 测定产品中的水分含量，要求水分≤5g/100g。

六、思考题

1. 固体饮料加工中合料时的注意事项有哪些？
2. 混合料水分含量的控制范围是多少？为什么？
3. 简述麦芽糊精在固体饮料中的作用是什么？

实训四 果汁乳饮料加工

一、实训目的

1. 了解果汁乳饮料的一般生产过程，理解配方中各组分的作用。
2. 掌握果汁乳饮料 pH 的测定方法。
3. 重点掌握影响果汁乳饮料稳定性的主要因素。

二、实训原理

以原果汁或浓缩果汁为原料，加水、糖、酸、新鲜牛乳、香精等调配而成的浊汁或清汁制品，成品中果汁含量≥10%（质量体积比）的饮料。

三、材料与设备

1. 材料

白砂糖、脱脂乳粉、柠檬酸、柠檬酸钠、橙浓缩果汁、香精（鲜乳，橙香精）、CMC–Na、果胶、蔗糖酯 SE（HLB15）、饮料瓶、瓶盖。

2. 设备

手持糖量计、pH 计、温度计、轧盖机、电子天平、搅拌器、高剪切混合乳化机、不锈钢桶、不锈钢锅、量筒、烧杯、汤匙、药匙。

四、实训步骤

1. 配方（质量体积比,%）

白砂糖	10	蔗糖酯	0.08
脱脂乳粉	3	柠檬酸	pH3.9~4.0
橙汁	5	稳定剂	适量
柠檬酸钠	0.06		

稳定剂配方见表 5–5。

表 5–5　　　　　果汁乳饮料稳定剂用量　　　　　单位:%

	1	2	3	4
CMC–Na	0.12	0.15	0.2	0.25
果胶	0.28	0.25	0.2	0.15

2. 工艺流程

```
                              加适量水稀释橙浓缩汁
                                      ↓
脱脂乳粉→ 溶解 → 静置 → 还原乳
稳定剂、糖粉→ 溶解 → 胶体溶液  → 混合 → 调酸 → 热均质 → 杀菌 → 热灌装 → 封盖 → 冷却
白砂糖→ 溶解 → 过滤 → 砂糖糖浆
                                      ↑
                    白砂糖→ 溶解 → 过滤 →白砂糖糖浆
```

3. 操作要点

（1）将脱脂乳粉与42℃温水按照1:6的比例充分搅拌混匀，搅拌速度不宜过快，防止蛋白质离心沉淀，静置2h使其充分溶胀。

（2）将稳定剂与白砂糖按照1:5的比例混合均匀，边搅拌边加入到70~80℃的热水中，充分分散后静置30min左右使其充分溶胀成2%~3%的胶体溶液。

（3）白砂糖糖浆的制备（65°Bé）　加水时一定不要超过量；刚开始煮开时注意火候及搅拌，用微火煮沸5min，趁热过滤，取样冷却后用手持糖量计测糖度。

（4）混合　在配料容器中依次加入白砂糖糖浆、还原乳、稳定剂。如有固体用料，则需预先用水充分溶解，将各组分搅拌混匀，冷却至室温；橙浓缩汁加适量水稀释，并在搅拌条件下将其缓慢加入到上述溶液中，充分混匀。

（5）调酸　用柠檬酸溶液（2%~3%）调酸至pH 3.9~4.0，滴酸速度不宜过快，防止出现局部酸度过高而产生蛋白质变性现象。

将调好酸的料液于80℃、20MPa热均质两次后，在80℃进行杀菌并热灌装入350mL PET瓶，封盖，冷水冷却。

五、实训结果

对果汁乳饮料进行感官评价，见表5-6。

表5-6　　　　　　　　果汁乳饮料感官评价表

评价指标	感官要求	得分
色泽（20）	具有产品特有的色泽	
滋味与气味（30）	具有本品固有的香气及滋味，酸甜适口，无异味	
组织与形态（30）	混浊均匀，无结块	
杂质（20）	无肉眼可见的外来杂质	

六、思考题

1. 果汁乳饮料稳定性的影响因素是什么？

2. 如何进行果汁乳饮料的稳定性评价？

实训五　果味碳酸饮料加工

一、实训目的

1. 掌握碳酸饮料的生产工艺。

2. 掌握以食用香精为主要赋香剂，采用二次混合法制作果味型碳酸饮料的工艺过程。

二、实训原理

碳酸饮料是指含气量（二氧化碳的溶解倍数）大于两倍的饮料，其生产原理就是在低温（一般控制在4℃）下，将二氧化碳溶于水中，制成碳酸水，然后在将其与底料（终糖浆）按比例混合，制成含二氧化碳气的饮料。

果味碳酸饮料是以香料为主要赋香剂，含有少量果汁或不含果汁的碳酸饮料。

三、材料与设备

1. 材料

白砂糖、草莓香精、菠萝香精、柠檬酸、柠檬黄、苯甲酸钠、二氧化碳等。

2. 设备

手持糖量计、半自动液体灌装机、真空脱气实训机、汽水混合机、夹层锅、双联过滤器、糖浆冷却机、天平、饮料瓶、压盖机、瓶刷等。

四、实训步骤

1. 配方

（1）草莓汽水配方（以1000mL产品为基数，单位g）

白砂糖	130	苋菜红（1%水溶液）	0.3
苹果酸	0.2	苯甲酸钠	0.2
柠檬酸	0.9	草莓香精	1.5
柠檬酸钠	0.2	水	补至1000mL

（2）菠萝汽水配方（以1000mL产品为基数，单位g）

白砂糖	130	柠檬红（1%水溶液）	0.2
苹果酸	0.2	日落黄（1%水溶液）	0.2
柠檬酸	0.9	草莓香精	1.5
柠檬酸钠	0.1	苯甲酸钠	0.2

续表

| 乳浊剂 | 1.5 | 菠萝香精 | 1 |
| 维生素 | 0.1 | 水 | 补至1000 mL |

2. 工艺流程

瓶→水浸→碱浸→刷瓶→冲瓶→控水

酸味剂+色素+香精+防腐剂+果汁
↓
白砂糖→称量→溶解→过滤→冷却→糖浆调配→糖浆→定量灌装→（加碳酸水）灌装→压盖→成品

3. 操作要点

（1）将空瓶浸泡入30~40℃清水中，然后放入2%~3%氢氧化钠溶液，在55~65℃条件下保持10~20min浸泡处理，再放入20~30℃清水内进行刷瓶、冲瓶、控水等处理。

（2）糖浆调配　按照配方要求精确称取白砂糖、酸味剂、色素、防腐剂、香精等原料，然后分别加入经过滤的水，搅拌溶化处理后混合。配制过程中物料加入顺序：原糖浆配好，测定其浓度及其需要的体积；有机酸（酸味剂），一般常用50%的柠檬酸溶液或柠檬酸用温水溶解；加入香精；加入色素（用热水溶化）；加水至规定容积为止。要在不断搅拌的情况下投入各种原料。

（3）灌装　若糖浆浓度为50~67°Bx，用1份糖浆加5份碳酸水或1份糖浆加4份碳酸水，即糖浆：水为1:5或1:4。一般要求液面与瓶口距离最高不超过6cm。

（4）压盖　利用手工压盖机压盖密封，要求密封严密，以保证内容物的质量。

五、实训结果

1. 对果味碳酸饮料进行感官评价，见表5-7。

表5-7　　　　　　果味碳酸饮料感官评价表

评价指标	感官要求	得分
色泽（20）	产品色泽与品名相符，要近似的色泽和习惯的颜色，无变色现象，色泽鲜亮一致	
香气（20）	具有该品种鲜果味香气，香气较协调柔和	
滋味（20）	具有该品种鲜果味的滋味，味感较纯正、爽口、酸甜较适口、有清凉感	

续表

评价指标	感官要求	得分
透明度浊度（20）	清汁型：澄清透明，无沉淀；浑汁型：浑浊度均匀一致，浊度适宜	
杂质（5）	无肉眼可见的外来杂质	
液面高度（5）	灌装后页面与瓶口的距离为 2～4cm	
泡沫（5）	倒入杯内，泡沫高度在 2cm 以上，持续时间 2min 以上	
瓶盖（5）	不漏气，不带锈	

2. 测定产品中二氧化碳的含量，要求二氧化碳气溶量（20℃）≥1.5 倍。

六、思考题

1. 配制过程中物料加入顺序的原因是什么？
2. 二次混合法制作碳酸饮料的特点是什么？
3. 简述碳酸饮料的分类及特点？

实训六　山楂果肉汁饮料加工

一、实训目的

掌握果肉饮料加工工艺和操作过程。

二、实训原理

利用山楂果肉中的水溶性成分和不溶成分，通过均质处理使饮料中不溶物质微粒化，同时通过添加增稠剂增加饮料溶液的浓度，调节饮料溶液整体的相对密度，使不溶物微小的颗粒悬浮在溶液中，达到稳定饮料各组分分布状态，防止沉淀的目的。

三、材料与设备

1. 材料

山楂、白砂糖、藻酸丙二醇酯、CMC－Na、山楂香精。

2. 设备

夹层锅（100L）、化糖锅（罐）60L、单桶打浆机、糖浆过滤器、胶体磨、糖浆泵、配料罐（100L）、砂棒过滤器、均质机、紫外线杀菌器、灌装机、封口机。

四、实训步骤

1. 配方（加工量 50kg，以 kg 计）

乳粉	2.5	CMC – Na	0.025
白砂糖	4.5	山楂香精	0.035
藻酸丙二醇酯	0.04	山楂果汁	3

2. 操作要点

（1）在配料罐中按乳粉与水 1:10 的比例将两者混合均匀。

（2）糖浆制备　将糖和水按 1:1 的比例，先将水放入化糖锅中，将其煮沸后按比例加入白砂糖，在加入的过程中，一边加入一边搅拌，待糖全部溶解后，再煮沸 10min，然后进行过滤，过滤干净后打入配料罐。

（3）其他原料的配制　将 CMC – Na 和藻酸丙二醇酯分别与水按 1:50 的比例混合，制成胶体溶液，然后加到配料罐。

（4）配料　将制备好的原辅料按下列顺序，在搅拌下依次加入：乳粉溶液→糖浆→果汁→CMC – Na 溶液→藻酸丙二醇酯溶液→香精→水。

（5）均质　将原料按顺序和配方添加并混合均匀，使温度降低到 70℃ 以下，然后进行均质，均质压力控制在 25MPa 以下，经过两次均质后进行加热，温度至 85~90℃，进行灌装。

（6）封口、灭菌。

五、实训结果

对产品进行感官评价，见表 5 – 8。

表 5 – 8　　　　　　　　果味碳酸饮料感官评价表

评价指标	感官要求	得分
色泽（20）	产品色泽与品名相符，色泽均匀，具有山楂果色泽	
滋味与气味（30）	具有该品种鲜果味香气，味感协调、柔和，酸甜较适口，无异味	
透明度浊度（30）	浑浊度均匀一致，浊度适宜，久置后允许有少量沉淀出现	
杂质（20）	无肉眼可见的外来杂质	

六、思考题

山楂饮料中添加 CMC – Na 和藻酸丙二醇酯的作用是什么？

七、注意事项及其他说明

配料时注意原辅料的添加顺序,并注意均质温度、压力和杀菌温度的控制。

项目六 酒类制品加工实训

实训一 小麦萌发前后淀粉酶活力的测定

一、实训目的

1. 学习分光光度计的原理和使用方法。
2. 学习测定淀粉酶活力的方法。
3. 了解小麦萌发前后淀粉酶活力的变化。

二、实训原理

种子中贮藏的碳水化合物主要以淀粉的形式存在。淀粉酶能使淀粉分解为麦芽糖。麦芽糖具有还原性,能使3,5-二硝基水杨酸还原成棕色的3-氨基-5-硝基水杨酸。后者可用分光光度计法测定。

休眠种子的淀粉酶活力很弱,种子吸胀萌发后,酶活力逐渐增强,并随着发芽天数的增长而增加。

本实训观察小麦种子萌发前后淀粉酶活力的变化。

三、材料与设备

1. 材料

1mg/mL 标准麦芽糖溶液 20mL:精确称量 100mg 麦芽糖,用少量水溶解后,移入 100mL 容量瓶中,加蒸馏水至刻度。

pH=6.9,0.02mol/L 磷酸缓冲溶液 100mL:0.2mol/L 磷酸二氢钾 67.5mL 与 0.2mol/L 磷酸氢二钾 82.5mL 混合,稀释 10 倍。

1% 淀粉溶液 100mL:1g 可溶性淀粉溶于 100mL0.02mol/L 磷酸缓冲溶液中,其中含有 0.0067mol/L 氯化钠。

1% 3,5-二硝基水杨酸试剂 200mL:1g 3,5-二硝基水杨酸溶于 20mL2mol/L 的氢氧化钠溶液和 50mL 水中;再加入 30g 酒石酸钾钠,定容至 100mL。若溶液浑浊,可过滤。

10%甘油。

2. 设备

25mL刻度试管、吸管、研钵、离心管、分光光度计、离心机、恒温水浴锅。

四、实训步骤

1. 酶液的制备

取15粒干麦芽，放入研钵中研碎，加入10mL的10%甘油热溶液（约50℃），转移到锥形瓶中，放入37℃电热恒温水浴中提取约1h，然后离心，上清液为麦芽的酶提取液。将上清液倒入量筒，测定酶提取液的总体积。

用同样方法制备一份未萌发的小麦种子的酶提取液。

测定酶活力时，将酶提取液稀释10倍。

2. 酶活力的测定

（1）取试管4支，编号。按表6-1要求加入各试剂（各试剂需在25℃预热10min）。

表6-1　　　　　　　　　酶活力测定

试剂	1#（小麦种子的酶提取液）	2#（麦芽的酶提取液）	3#（标准）	4#（空白）
酶液/mL	0.5	0.5	—	—
标准麦芽糖溶液/mL	—	—	0.5	—
1%淀粉溶液/mL	1	1	1	1
水/mL	—	—	—	0.5

将各管混匀，放在25℃水浴中，保温3min后，立即向各管中加入10%的3，5-二硝基水杨酸溶液2mL。

（2）取出各试管，放入沸水浴中加热5min。冷至室温，加水稀释至25mL。将各管充分混匀。

（3）用空白管作对照。在500nm处测定各管的吸光度，将读数填入表6-2。

表6-2　　　　　　　　　吸光值测定数据

试管号	小麦种子的酶提取液	麦芽的酶提取液	标准	空白
A_{500nm}				

五、实训结果

根据溶液的浓度与吸光度成正比的关系，推算未知溶液浓度。

即：

$$\frac{A_{标准}}{A_{未知}} = \frac{c_{标准}}{c_{未知}}, 则 c_{未知} = \frac{A_{未知} \times c_{标准}}{A_{标准}}$$

式中　c——麦芽糖浓度，mg/mL

　　　A——吸光度

本试验规定：25℃时3min内水解淀粉释放1mg麦芽糖所需的酶量为1个酶活力单位。

$$15粒种子或15粒麦芽的总活力单位 = c_{酶} \times n_{酶} \times V_{酶}$$

式中　$c_{酶}$——经酶液作用后的麦芽糖浓度，mg/mL

　　　$n_{酶}$——酶液稀释倍数

　　　$V_{酶}$——提取酶液的总体积，mL

六、思考题

麦芽中淀粉酶提取的方法是什么？

实训二　麦芽汁的制备

一、实训目的

熟悉麦芽汁的制备流程，为啤酒发酵准备原料。

二、实训原理

麦汁制备包括原料糖化、麦醪过滤和麦汁煮沸等几个过程。由于麦芽的价格相对较高，再加上发酵过程中需要较多的糖，因此目前大多数工厂都用大米作辅料。

三、材料与设备

1. 材料

麦芽。

2. 设备

在糖化车间一般有四种设备：糊化锅、糖化锅、麦汁过滤槽和麦汁煮沸锅，本实训由于受条件限制，只能采用单式设备，即将糊化锅、糖化锅和麦汁煮沸锅合而为一。

四、实训步骤

1. 糖化用水量的计算

$$V = \frac{W \times m \times (m - W_p)}{W_p}$$

式中　V——糖化用水量，L

　　　M——麦芽质量，kg

　　　W——麦芽可溶性物质浸出物的质量百分比，%

　　　W_p——过滤开始时的麦汁浓度（第一麦汁浓度），°P

例：已知麦芽浸出率为72%，第一麦芽汁浓度达到12°P，糖化100kg麦芽需要加入多少升水？

$$V = \frac{72\% \times 100 \times (100 - 12)}{12} = 528(\text{L})$$

2. 糖化

糖化是利用麦芽中所含的酶，将麦芽和辅助原料中的不溶性高分子物质，逐步分解为可溶性低分子物质的过程，制成的浸出物溶液就是麦芽汁。

3. 麦汁过滤

将糖化醪中的浸出物与不溶性麦糟分开，以得到澄清麦汁的过程。由于过滤槽底部是筛板，要借助麦糟形成的过滤层来达到过滤的目的，因此前30min的滤出物应返回重滤。头号麦汁滤完后，应用适量热水洗糟，得到洗涤麦汁。

4. 麦汁煮沸

将过滤后的麦汁加热煮沸以稳定麦汁成分的过程。此过程中可加入酒花（一种含苦味和香味的蛇麻之花，每100L麦汁中添加约200g）。

将过滤的麦汁通蒸汽加热至沸腾，煮沸时间一般控制在1.5~2h（蒸发时尽量开口，煮沸结束时，为了防止空气中的杂菌进入，最好密闭）。

5. 回旋沉淀及麦汁预冷却

将煮沸后的麦汁从切线方向泵入回旋沉淀槽，使麦汁沿槽壁回旋而下，借以增大蒸发表面积，使麦汁快速冷却，同时由于离心力的作用，使麦汁中的絮凝物快速沉淀的过程。

6. 麦汁冷却

将回旋沉淀后的预冷却麦汁通过薄板冷却器与冰水进行热交换，从而使麦汁冷却到发酵温度的过程。

7. 设备清洗

由于麦芽汁营养丰富，各项设备及管阀件（包括糖化煮沸锅、过滤槽、回旋沉淀槽及板式换热器）使用完毕后，应及时用洗涤液和清水清洗，并蒸汽杀菌。

五、实训结果

麦芽汁制备完成后，用糖度仪测量麦芽汁糖度。

六、思考题

麦芽粉碎程度会对过滤产生怎样的影响？

七、注意事项

1. 若加热、煮沸过程中将蒸汽直接通入麦汁中，由于蒸汽的冷凝，麦汁量会增加，因此最好用夹套加热的方法。

2. 麦汁煮沸后的各步操作应尽可能无菌，特别是各管道及薄板冷却器应先进行杀菌处理。

实训三　糖化操作

一、实训目的

协定法糖化试验是欧洲啤酒酿造协会（EBC）推荐的评价麦芽质量的标准方法，我们用该法进行小量麦芽汁制备，并借此评价所用麦芽的质量。

二、实训原理

利用麦芽所含的各种酶类将麦芽中的淀粉分解为可发酵性糖类，蛋白质分解为氨基酸。

三、材料与设备

1. 材料

麦芽、0.02mol/L 碘溶液（2.5g 碘和 5g 碘化钾溶于水中，稀释到 1000mL）。

2. 设备

（1）实训室糖化器　由水浴和 500~600mL 的烧杯组成糖化仪器，杯内用玻璃棒搅拌，实训时杯内液面应始终低于水浴液面。最好采用专用糖化器：该仪器有一水浴，水浴本身有电热器加热和机械搅拌装置。水浴上有 4~8 个孔，每个孔内可放一糖化杯，糖化杯由紫铜或不锈钢制成，每一杯内都带有搅拌器，转速为 80~100r/min，搅拌器的螺旋桨直径几乎与糖化杯相同，但又不碰杯壁，它离杯底距离只有 1~2mm。

（2）白色滴板或瓷板、玻璃棒、滤纸、漏斗、电炉。

四、实训步骤

1. 麦芽汁的制备

（1）取 50g 麦芽，用植物粉碎机将其粉碎。

（2）在已知质量的糖化杯（500~600mL 烧杯或专用金属杯）中，放入 50g 麦芽粉，加 200mL 46~47℃ 的水，于不断搅拌下在 45℃ 水浴中保温 30min。

（3）使醪液以每 1min 升温 1℃ 的速度，升温加热水浴，在 25min 内升至 70℃。此时于杯内加入 100mL 70℃ 的水。

（4）70℃保温1h后，在10~15min内急速冷却到室温。

（5）冲洗搅拌器。擦干糖化杯外壁，加水使其内容物准确称量为450g。

（6）用玻璃棒搅动糖化醪，并注于干漏斗中进行过滤，漏斗内装有直径20cm的折叠滤纸，滤纸的边沿不得超出漏斗的上沿。

（7）收集约100mL滤液后，将滤液返回重滤。30min后，为加速过滤可用一玻璃棒稍稍搅碎麦糟层。将整个滤液收集于一干烧杯中。在进行各项试验前，需将滤液搅匀。

2. 糖化时间的测定

（1）在糖化过程中，糖化醪温度达70℃时记录时间，5min后用玻棒取麦芽汁1滴，置于白滴板（或瓷板）上，再加碘液1滴，混合，观察颜色变化。

（2）每隔5min重复上述操作，直至碘液呈黄色（不变色）为止，记录此时间。

由糖化醪温度达到70℃开始至糖化完全无淀粉反应时止，所需时间为糖化时间。报告以每5min计算：

如<10min、10~15min、15~20min等。

正常范围值：浅色麦芽15min内，深色麦芽35min内。

3. 过滤速度的测定

以从麦芽汁返回重滤开始至全部麦芽汁滤完为止所需的时间来计算，以正常和慢等来表示，1h内完成过滤的规定为"正常"，过滤时间超过1h的报告为"慢"。

五、实训结果

1. 气味的检查

糖化过程中注意糖化醪的气味。具有相应麦芽类型的气味规定为"正常"，因此对深色麦芽若有芳香味，应报以"正常"；若样品缺乏此味，则以"不正常"表示，其他异味也应注明。

2. 透明度的检查

麦汁的透明度用透明、微雾、雾状和浑浊表示。

3. 蛋白质凝固情况检查

强烈煮沸麦芽汁5min，观察蛋白质凝固情况。在透亮麦芽汁中凝结有大块絮状蛋白质沉淀，记录为"好"；若蛋白质凝结细粒状，但麦汁仍透明清亮，则记录为"细小"；若虽有沉淀形成，但麦芽汁不清，可表示为"不完全"；若没有蛋白质凝固，则记录为"无"。

六、思考题

1. 简述糖化过程中麦芽中各种酶的作用。

2. 糖化的温度和时间各是多少？
3. 简述麦芽糖化的过程。

七、注意事项

粉碎最好用 EBC 粉碎机，若用 1 号筛粉碎，细粉约占 90%，用 2 号筛粉碎细粉约占 25%。对溶解度好的麦芽，建议用 2 号筛。因为细粉太多影响过滤速度。

一般要求粗粒与细粒（包括细粉）的比例达 1:2.5 以上。麦皮在麦汁过滤时形成自然过滤层，因而要求破而不碎。如果麦皮粉碎过细，不但会造成麦汁过滤困难，而且麦皮中的多酚、色素等溶出量增加，会影响啤酒的色泽和口味。但麦皮粉碎过粗，难以形成致密的过滤层，会影响麦汁浊度和得率。麦芽胚乳是浸出物的主要部分，应粉碎得细些。

为了使麦皮破而不碎，最好稍加回潮后进行粉碎。

实训四　酵母菌扩大培养

一、实训目的

学习酵母菌种的扩大培养方法，为实训室啤酒发酵准备菌种。

二、实训原理

在进行啤酒发酵之前，必须准备好足够量的发酵菌种。在啤酒发酵中，接种量一般应为麦芽汁量的 10%，发酵液中的酵母菌量达 1×10^7 个/mL。因此，要进行大规模的发酵，首先必须进行酵母菌种的扩大培养。扩大培养的目的一方面是获得足量的酵母菌，另一方面是使酵母由最适生长温度（28℃）逐步适应为发酵温度（10℃）。

三、材料与设备

1. 材料

麦芽汁、酵母菌。

2. 设备

恒温培养箱、生化培养箱、不同容积三角瓶、接种工具、显微镜等。

四、实训步骤

1. 工艺流程

菌种扩大培养流程如下：

麦汁斜面菌种→麦汁平板 $\xrightarrow{28℃, 2d}$ 镜检，挑单菌落 3 个，接种→50mL 麦汁试管（或三角瓶）$\xrightarrow[\text{每天摇动 3 次}]{20℃, 2d}$ 550mL 麦汁三角瓶 $\xrightarrow[\text{每天摇动 3 次}]{15℃, 2d}$ 计数备用

2. 操作要点

（1）培养基的制备　取制备好的麦芽汁滤液（约400mL），加水定容至约600mL，取50mL装入250mL三角瓶中，另550mL置于1000mL三角瓶中，包上瓶口布后，0.05MPa灭菌30min。

（2）菌种扩大培养　按上述流程进行菌种的扩大培养，注意无菌操作。

五、实训结果

用显微镜观察、记录扩大培养后的酵母菌形态。

六、思考题

菌种扩大过程中为什么要慢慢扩大，培养温度为什么要逐级下降？

七、注意事项

灭菌后的培养基会有不少沉淀，这不影响酵母菌的繁殖。若要减少沉淀，可在灭菌前将培养基充分煮沸并过滤。

实训五　啤酒生产

一、实训目的

1. 掌握啤酒的生产工艺过程和酿造原理。
2. 学会酒在发酵过程中质量的控制及指标的测定方法。
3. 掌握啤酒的简单的质量评价方法。

二、实训原理

麦芽经过糖化制成麦芽汁，麦芽汁经啤酒酵母发酵生成啤酒的生产工艺过程。

三、材料与设备

1. 材料

麦芽、酒花、啤酒酵母、碘液。

2. 设备

普通相对密度计、250L量筒、温度计、酒精计、恒温水浴、容量瓶、25型酸度计、分光光度计、便携式折光计、100mL容量瓶、10L玻璃容器、培养箱、无菌操作间、显微镜、破碎机、糖度计、糖化锅、过滤器、水浴锅、发酵罐、冰箱、三角瓶、比色管、密度计。

四、实训步骤

1. 工艺流程

原料预处理 → 麦芽制造 → 麦芽汁制备 → 啤酒发酵 → 过滤、灌装 → 啤酒后熟

2. 操作要点

（1）麦芽汁制备　先将麦芽粉碎，再将2500mL水放入不锈钢锅中加热至50℃，此时把粉碎的麦芽放入热水中搅拌均匀，置于恒温水浴锅中浸渍1h左右。升温至65～68℃保温2h。以后每隔5min取一滴麦汁与碘反应，至不呈色，糖化结束。

糖化结束后麦汁立即升温至76～78℃，趁热用纱布过滤，滤渣可加入少量78～80℃热水洗涤，使总滤液达到2500mL。为了有利于麦汁的澄清，可将一个鸡蛋的蛋清放在碗中搅散成大量泡沫时放入麦汁中，同时添加酒花2g搅匀，煮沸25min，再加酒花1.5～2g，停止加热，冷却后经沉淀过滤得到透明的麦汁。再补加一定的水，冷却至10℃备用。

（2）发酵　取250mL麦汁放入经过消毒处理后的500mL烧杯中，加入12.5g酵母泥混匀，在20～25℃培养12～24h，培养过程中经常搅拌，待发酵旺盛时，倒入不锈钢锅中，加入所有的麦汁于10～13℃发酵。约经过20h，液面有白色泡沫升起。以后2～3d内泡沫越来越多，又经过2～3d泡沫逐渐下降。落泡后，口尝发酵液，醇厚柔和，有麦芽和酒花香味。

（3）后熟　在10℃左右发酵10d，发酵后的嫩啤酒用细棉布过滤，装入特制的无肩啤酒瓶中，密闭，再在0℃贮藏20d，60℃杀菌30min，即为成品啤酒。要求饮用时清香爽口，酒味柔和。

五、实训结果

（1）可溶性固形物　手持测糖计测定。

（2）总酸度　指示剂法（国标法）。

（3）pH　酸度计（电位滴定法）。

（4）酒精度　蒸馏法。

（5）相对密度　密度计法。

六、思考题

1. 啤酒生产中，麦芽汁煮沸的目的是什么？
2. 啤酒酿造中，酒花的作用是什么？
3. 简述啤酒生产工艺流程。

七、注意事项

在啤酒酿造过程中，所用的工具和容器，都要严格消毒。

实训六 啤酒酒精度的测定

一、实训目的

1. 掌握啤酒中酒精度的测定。
2. 掌握密度瓶的使用方法。

二、实训原理

利用在20℃时酒精水溶液与同体积纯水质量之比,求得相对密度(以 d_{20}^{20} 表示)。然后,查 GB/T 4928—2008 啤酒分析方法附录 A,得出试样中酒精的含量,即酒精度,以%(体积分数或质量分数)表示。

三、材料与设备

1. 材料

市售瓶装啤酒。

2. 设备

全玻璃蒸馏器(500mL)、恒温水浴(精度±0.1℃)、容量瓶(100mL)、移液管(100 mL)、分析天平(感量 0.1 mg)、天平(感量 0.1g)、附温度计密度瓶(25mL 或 50mL)、数字密度计、注射器等。

四、实训步骤

1. 蒸馏

用100mL容量瓶准确量取试样100mL,置于蒸馏瓶中,用50mL水分三次冲洗容量瓶洗液并入蒸馏瓶中,加玻璃珠数粒,装上蛇型冷凝管,用原100mL容量瓶接收馏出液(外加冰浴),缓缓加热蒸馏(冷凝管出口水温不得超过20℃),收集约96mL馏出液(蒸馏应在30~60min完成),取下容量瓶,调节液温至20℃,补加水定容,混匀,备用。

2. 测量 A

将密度瓶洗净、干燥、称量,反复操作,直至质量恒定。

将煮沸冷却至15℃的水注满已质量恒定的密度瓶,插上带温度计的瓶塞(瓶中应无气泡),立即浸于(20±0.1)℃的恒温水浴中,待内容物温度达20℃,并保持5min不变后取出。用滤纸吸去溢出支管的水,立即盖好小帽,擦干后称量。

3. 测量 B

将水倒去,用馏出液反复冲洗密度瓶三次,然后装满,按上述方法进行同样操作。

五、实训结果

试样馏出液（20℃）的相对密度按下式计算：

$$d_{20}^{20} = \frac{m_2 - m}{m_1 - m}$$

式中　d_{20}^{20}——试样馏出液（20℃）的相对密度

　　　m_2——密度瓶和馏出液的质量，g

　　　m——密度瓶的质量，g

　　　m_1——密度瓶和水的质量，g

根据相对密度 d_{20}^{20}，得到馏出液的酒精度，即为啤酒试样的酒精度。所得结果应保留两位小数，同一试样两次测定值之差不得超过平均值的 1%。

六、思考题

简述密度瓶的使用方法。

实训七　啤酒色度的测定

一、实训目的

1. 掌握铬钴比色法测定啤酒色度的方法。

2. 通过配制一系列铬钴标准比色液，学会目视比色法测定待测试样的色度。

二、实训原理

啤酒依色泽可分为淡色、浓色和黑色等几种类型，每种类型又有深浅之分。淡色啤酒以浅黄色稍带绿色为好，给人以愉快的感觉。

形成啤酒颜色的物质主要是类黑精、酒花色素、多酚、黄色素以及各种氧化物，浓黑啤酒中还有多量的焦糖。淡色啤酒的色素主要取决于原料麦芽和酿造工艺，深色啤酒的色泽来源于麦芽，另外也需添加部分着色麦芽或糖色；黑啤酒的色泽则主要依靠焦香麦芽、黑麦芽或糖色所形成。

造成啤酒色深的因素有如下几种：①麦芽煮沸色度深；②糖化用水 pH 偏高；③糖化、煮沸时间过长；④洗糟时间过长；⑤酒花添加量大、单宁多，酒花陈旧；⑥啤酒含氧量高；⑦啤酒中铁离子偏高。

色度是指被测试样与特别制备的一组有色标准溶液的颜色比较值。采用铬钴比色法，通过配制一系列铬钴标准比色液，与待测试样进行目视比色，得出啤酒样品的色度在 40°~45°。

铂钴比色法：将水样与已知浓度的标准比色系列进行目视比色以确定水的

色度。标准比色系列是用氯铂酸钾和氯化钴试剂配制而成,规定每升水中含1mg 铂[以$(PtCl_6)^{2-}$形式存在]时所具有的颜色作为一个色度单位,以 1°表示。

三、材料与设备

1. 材料

重铬酸钾、硫酸钴、硫酸($\rho_{20}=1.84g/mL$)。

2. 设备

50mL 成套高型具塞比色管、分析天平(感量 1/10000g)、比色管架、5mL 移液管。

四、实训步骤

1. 铬钴标准溶液配制

称取 0.0437g 重铬酸钾和 1.00g 干燥的硫酸钴,溶于少量纯水中,加入 0.50mL 硫酸($\rho_{20}=1.84g/mL$),搅匀,用纯水定容至 500mL。

2. 铬钴标准色阶配制

取比色管 6 支,分别加入铬钴标准溶液 0、1.00、2.00、3.00、4.00 和 5.00mL,加纯水至刻度、摇匀。各管的铬钴色度依次为 0°、10°、20°、30°、35°、40°、50°。

3. 啤酒色度测定方法

移取 5.00mL 啤酒试样于比色管中,加蒸馏水定容到 50mL,与铬钴标准溶液比色,查找其色度对应范围为 40°到 50°,配制 45°标准比色液,通过对比得出色度范围介于 40°到 45°之间,偏于 45°。

五、实训结果

通过目视法,记录啤酒样的色度。

六、思考题

1. 按照色泽分类,啤酒分为哪几类?
2. 影响啤酒颜色的因素有哪些?

七、注意事项

1. 不同样品需在同等光强下测定,最好用日光灯或北部光线,不可在阳光下测定。
2. 麦汁应澄清,可经过滤或离心后测定。

实训八 啤酒中总酸的测定

一、实训目的

1. 了解啤酒总酸的测定原理。
2. 掌握啤酒总酸的测定方法。

二、实训原理

啤酒的总酸是衡量啤酒中各种酸总量的指标,用中和100mL脱气啤酒至pH9.0所消耗的0.1mol/L的氢氧化钠标准溶液的体积,用mL表示。小于等于12°的啤酒总酸应消耗小于等于2.6mL的0.1mol/L的氢氧化钠标准溶液。

利用酸碱中和原理,用氢氧化钠标准溶液直接滴定一定量的样品溶液,用酸度计(pH计)只是滴定终点,当pH=9.0时,即为滴定终点。

三、材料与设备

1. 材料
（1）0.1mol/L氢氧化钠标准溶液（精确至0.0001mol/L）。
（2）0.05%酚酞指示剂 0.05g酚酞溶于50%的中性酒精（普通酒精常含有微量的酸,可用0.1mol/L氢氧化钠溶液滴定至微红色即为中性酒精）中,定容至100mL。

2. 设备
酸度计(pH计,附与之相配套的玻璃电极和甘汞电极)、电磁搅拌器、恒温水浴锅、25mL或50mL碱式滴定管、移液管。

四、实训步骤

1. 酸度计(pH计)的校正
按仪器使用说明书的要求对玻璃电极和甘汞电极进行处理（电极的预处理,见电报说明材料）。取下饱和甘汞电极胶帽及加液孔胶塞和下端的胶帽,用pH=9.22（20℃）标准缓冲溶液校正。

2. 样品的处理
用移液管吸取50.00mL已除气的样品置于100mL烧杯中,于40℃恒温水浴中保温30min,并不时振摇和搅拌,以除去残余的二氧化碳。取出冷却至温室。

3. 样品的测量
将盛有样品的烧杯置于电磁搅拌器上,投入玻璃或塑料铁芯搅拌子,插入玻璃电极和饱和甘汞电极,开动电磁搅拌器,用氢氧化钠标准溶液滴定至pH=9.0即为终点。记录氢氧化钠标准溶液的用量。

五、实训结果

样品中总酸含量的计算式为：

$$X = 2c \times V$$

式中　X——样品的总酸含量，mL/100mL

　　　c——氢氧化钠标准溶液的浓度，mol/L

　　　V——滴定所消耗氢氧化钠标准溶液的体积，mL

计算结果保留两位小数。

六、思考题

1. 酸碱滴定时为什么要用水稀释？
2. 水的酸碱度对滴定结果有什么影响？
3. 啤酒中的总酸包括哪些？

七、注意事项

1. 在滴定过程中溶液的pH没有明显的突跃变化，所在近终点时滴定要慢，以减少终点时的误差。
2. 平行测定结果的允许差为≤0.1%。
3. 发酵液中的二氧化碳必须彻底去除。
4. 0.1mol/L氢氧化钠必须经过标定，记录与计算时应保留四位有效数字。

实训九　酿酒酵母细胞固定化与酒精发酵

一、实训目的

1. 了解固定化酶及微生物细胞固定化的原理及其优缺点。
2. 掌握制备固定化细胞中最基本、最常用的方法。
3. 学会用固定化酿酒酵母进行酒精发酵及酒精的测定方法。

二、实训原理

固定化酶和固定微生物细胞的原理是将酶或微生物细胞利用物理或化学的方法，使酶或细胞与固体的水不溶性支持物（或称载体）相结合，使其既不溶于水，又能保持酶和微生物的活性。

三、材料与设备

1. 材料

（1）菌种　酿酒酵母。

（2）培养基

①种子培养基 YPD：分装 30mL 培养基于 250mL 锥形瓶中，共 4 瓶，经 100Pa 灭菌 20min，备用。

②酒精发酵培养基 YG：分装 200mL 培养基于 300mL 锥形瓶中，共 4 瓶，经 100Pa 灭菌备用。

③试剂：海藻酸钠、琼脂、$K-$角叉胶、葡萄糖、蛋白质、酵母膏、明胶、戊二醛等。

2. 设备

培养皿、无菌 10mL 注射器外套及 5mL 静脉针头或带喷嘴的小塑料瓶、移液管、小烧杯、玻璃棒、牛角勺、小刀、烧瓶、冷凝管等。

四、实训步骤

1. 酵母种子培养液的制备

挑取新鲜斜面菌种一环，接入装有 30mL YPD 培养基的锥形瓶中，30℃振荡培养，共接 4 瓶，培养至对数期。

2. 细胞的固定化

（1）琼脂凝胶固定化细胞的制备　称取 1.6g 琼脂于 100mL 小烧杯中，加水 40mL，火上加热熔化后，100Pa 灭菌 20min 冷却至 50℃左右。

加入 10mL 培养至对数期酵母种子液，混合均匀，立即倒入直径 15cm 的无菌平皿中，待充分凝固后用小刀切成大小为 3mm×3mm×3mm 的块状，装入 300mL 锥形瓶中，用无菌去离子水洗涤 3 次，加入 200mL YG 培养液，置 30℃培养 72h。

另外，再取 10mL 未经固定化的酵母种子液接入到装有 200mL YG 培养液的无菌锥形瓶中作为对照，同样条件下培养 72h 后测酒精含量。

（2）海藻酸钠凝胶固定化细胞的制备　将微生物细胞与海藻酸钠溶液混匀后，通过注射器针头或相似的滴注器将上述混合液滴入氯化钙溶液中，氯化钙从外部扩散进入海藻酸钠与细胞混合液珠内，使藻酸钠转变为水不溶的藻酸钙凝胶，由此将微生物细胞包埋在其中。

称取 1.6g 海藻酸钠于无菌的小烧杯中，加无菌去离子水少许，调成糊状，再加入其余的水（总量为 40mL）。

火上加温至熔化，冷却至 45℃左右，加入 10mL 酵母培养液，混合均匀，倒入一个无菌的小塑料瓶中或注射器外套并与针头相连，通过 1.5~2.0mm 的小孔，以恒定的速度滴到盛有 10% 氯化钙（胶诱导剂）溶液的平皿中制成凝胶珠。

浸泡 30min 后，将凝胶珠转入 300mL 锥形瓶中，用无菌去离子水洗涤三次后加入 200mL YG 培养基，置 30℃培养 72h 测定酒精含量。

五、实训结果

1. 固定化细胞的回收与活菌计数

①取培养72h的固定化细胞，如含酵母菌的K-角叉胶包埋珠2粒，放入5mL无菌生理盐水中。培养前的凝胶珠同样处理。

②37℃轻振15min，使胶珠溶解。

③适当稀释后涂布于YPD琼脂平板进行活菌计数，观察酵母菌在包埋块中的增殖情况。

2. 酒精发酵液的蒸馏及酒精度的测定

①由于本次实训发酵液中所含酒精度较低，因此可用明火直接加热蒸馏。

②取100mL发酵液，倒入500mL圆底烧瓶中，加100mL蒸馏水蒸馏，沸腾后改用小火。当开始流出液体时，用100mL容量瓶准确接收馏出液100mL。倒入100mL量筒中，用酒精相对密度计测量其酒精度。剩余的发酵液全部倒出后弃去，将固定化细胞用无菌去离子水洗3次，加入YG培养基继续培养72h，测酒精含量，可反复使用数十次。

六、思考题

1. 简述固定化细胞的分类。
2. 简述固定化细胞的特点。
3. 简述固定化细胞的方法。

实训十 啤酒双乙酰含量的测定

一、实训目的

学会啤酒中双乙酰含量测定的原理和方法。

二、实训原理

双乙酰作为挥发性组分从啤酒样中蒸发出来，与邻苯二胺反应，生成2,3-二甲喹喔啉，在335nm波长处进行测定。由于其他联二酮类都具有相同的反应特性，再加上蒸馏过程中部分前驱体要转化成联二酮，因此上述测定结果为总联二酮含量（以双乙酰表示）。

三、材料与设备

1. 材料

4mol/L盐酸溶液、10g/L邻苯二胺溶液（称取邻苯二胺0.100g，溶于4mol/L盐酸溶液中，并定容至10mL，摇匀，放于暗处。此溶液需当天配制与使用；若配制出来的溶液呈红色，应重新更换新试剂）、有机硅消泡剂（或甘油聚醚）。

2. 设备

带有加热套管的双乙酰蒸馏器、具有锥形瓶（或平底蒸馏烧瓶）的蒸汽发生瓶、2000mL（或3000mL）容量瓶、紫外分光光度计（备有10mm石英比色皿或20mm玻璃比色皿）。

四、实训步骤

1. 蒸馏

将双乙酰蒸馏器安装好，加热蒸汽发生瓶，使水至沸。通汽预热后，置25mL容量瓶于冷凝器出口接受馏出液，外加冰浴冷却，加2~4滴消泡剂于100mL量筒中，再注入未经除气的预先冷至5℃左右的酒样100mL，迅速移入已预热的蒸馏器内，并用少量水冲洗带塞漏斗，盖塞。然后用水封口，进行蒸馏，直至馏出液接近25mL（蒸馏需在3~5min完成）时取下容量瓶，达到室温用水定容，摇匀。

2. 显色与测量

分别吸取馏出液10.0mL于两支干燥的比色管中，并于第一支管中加入邻苯二胺溶液0.50mL，第二支管中不加（作空白对照），充分摇匀后，同时置于暗处放置20~30min，然后于第一支管中加4mol/L盐酸溶液2mL，于第二支管中加入4mol/L盐酸溶液2.5mL，混匀后，于335nm波长处用20mm玻璃比色皿，以空白对照组调仪器零点，测定其吸光度。比色测定操作需在20min内完成。

五、实训结果

试样中双乙酰含量按下式计算：

$$X = A_{335} \times 1.2$$

式中　X——试样中双乙酰的含量，mg/L

A_{335}——试样在335nm波长处用20mm比色皿测得的吸光度

1.2——吸光度与双乙酰含量的换算系数

六、思考题

啤酒中双乙酰的来源及危害是什么？

实训十一　酵母的分离纯化

一、实训目的

学会从葡萄果实上分离纯化酵母菌。

二、实训原理

酵母菌常见于糖分较高的环境中,如果园土、菜园土及果皮等的表面。多数酵母菌喜欢偏酸条件,最适 pH 为 4.5~6.0,在此条件下,酵母菌生产迅速,容易分离培养。在液体培养基中,酵母菌比霉菌生长快,利用酸性条件则可以控制细菌的生长。因此,利用酸性液体培养基获得酵母菌的加富培养,然后在固体培养基上划线分离、纯化。

三、材料与设备

1. 材料

成熟的葡萄果、豆芽汁蔗糖琼脂培养基、卢戈碘液、葡萄汁、维生素 B_1、硫酸铵、亚硫酸。

2. 设备

高压灭菌锅、9cm 灭菌培养皿、恒温箱、无菌刮铲、小刀、接种针、酒精灯、三角瓶、血球计数板、盖玻片、染色及镜检用物等。

四、实训步骤

1. 培养

选取新鲜、清洁、成熟无腐烂变质的葡萄果实适量,捣成浆后置于 50mL 三角瓶内,调整 pH 为 4.0~5.0,添加 120mg/L 液体亚硫酸,搅匀,用纱布封口放入电热恒温箱中,于 28~30℃进行培养。

2. 分离纯化

当酒精含量达到 9%~10%时,在无菌室内,取三角瓶上部清液 10mL 放入 90mL 无菌水中,再吸取 1mL 稀释液放入 9mL 无菌水中,依次稀释成 10^{-1}、10^{-2}、10^{-3}、10^{-4}、10^{-5}、10^{-6} 共六种浓度,然后取 10^{-5}、10^{-6} 两种浓度各 1mL,做成两个稀释平板,培养基采用杀菌后的 10°Bé 的果汁,琼脂用量为 1.8%,在培养箱内于 28~30℃培养 48h,再将培养皿内的单个酵母菌接入斜面试管内,每个菌落接两个试管,以识别编号培养。

3. 镜检

用卢戈碘液制成浸片,在低倍镜检下检查纯度,以识别纯培养体。

4. 保存

将生长旺盛的菌种放入 4℃冰箱中,定期移接豆芽汁蔗糖琼脂培养基,每 2~4 个月移接一次。

5. 酒母的制备

取成熟度较好的葡萄榨汁,70~80℃加热 20~30min,取 3 支灭过菌的试管装汁 10mL,接入酵母菌,待发酵旺盛时,接入含 40mg/L 二氧化硫的 200mL 左右葡萄汁中，接下来，再待发酵旺盛时，再按上述接种量接入二氧化硫浓度升高的葡萄汁中，依次类推，最后一次葡萄汁中的二氧化硫量应高于生产中二氧化硫用量 10~20mg/L。另外，葡萄汁中需加入 0.5mg/L 维生素 B_1 和 100~150mg/L 的硫酸铵。

五、实训结果

分别在发酵初期、旺盛期、后期，用血球计数板法进行酵母菌计数。

六、思考题

1. 镜检时，如何区分酵母菌和其他的污染菌？
2. 图示镜检的酵母菌细胞形态和出芽生殖，并描述其菌落特征。
3. 酒母的制备中，逐步增加二氧化硫浓度的作用是什么？

附1：豆芽汁蔗糖琼脂培养基

豆芽汁 1000mL、蔗糖 20.0g、琼脂 18~20g、pH 7.2。

分离时于临用前加入 0.3% 灭菌乳酸，使 pH 降为 5.0 左右。

附2：卢戈碘液

碘 1.0g、碘化钾 2.0g、蒸馏水 300mL。

先溶碘化钾于少量蒸馏水中，再将碘溶于碘化钾溶液中，可稍加热，最后加足蒸馏水量，棕色瓶保存。

附3：酒母的质量标准

①糖液消耗不超过原糖度的 2/5；
②酸度增加不超过原酸度的 0.15；
③气味正常；
④细胞数 1.1 亿/mL 以上；
⑤健壮整齐；
⑥无杂菌。

实训十二 葡萄酒生产

一、实训目的

1. 了解葡萄酒加工的原理。
2. 学会葡萄酒加工的工艺操作。

二、实训原理

葡萄酒是以葡萄为原料，经发酵制成的酒精性饮料。在发酵过程中，将葡萄糖转化为酒精的发酵过程和固体物质的浸取过程同时进行。通过葡萄酒的发酵过程，葡萄果浆变成红葡萄酒，并将葡萄果粒中的有机酸、维生素、微量元素及单宁、色素等多酚类化合物，转移到葡萄原酒中。红葡萄原酒经过贮藏、澄清处理和稳定处理，即成为精美的葡萄酒。

三、材料与设备

1. 材料

葡萄、白砂糖、果胶酶、酵母、亚硫酸、明胶。

2. 设备

手持糖度计、密度计、100mL量筒、分析天平、发酵罐、水浴锅、温度计、pH计、玻璃棒、纱布、布氏漏斗、真空抽滤机、加热锅。

四、实训步骤

1. 工艺流程

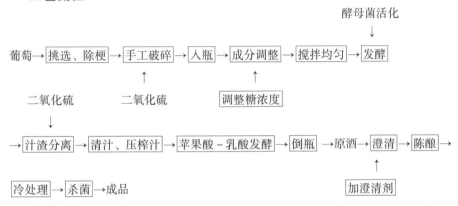

2. 操作要点

（1）原料选择　酿酒用的葡萄要经过严格验收，使用颜色深红、成熟度高的鲜果，剔除霉烂果、生青果、虫蛀果，以保证优质的产品。

（2）破碎　采用手工破碎法，要求每个果子破裂，不能将种子破碎，否则种子内的油脂、糖苷类物质及果梗内的一些物质会增加酒的苦味。

（3）加糖　酿造酒精含量为10%～12%的酒，果汁的糖度需在17～20°Bé。如果糖度达不到要求则需加糖。从理论上讲，加入1.7g/L蔗糖可以产生1mL酒精。

（4）加亚硫酸　二氧化硫在果酒中的作用有杀菌、澄清、抗氧化、增酸、使色素和单宁物质溶出、还原作用、使酒的风味变好等。在生产中通过加亚硫酸，利用其不稳定分解产生二氧化硫的性质，来达到杀菌的目的。葡萄酒生产中二氧化硫的添加量为50～60mg/kg。

（5）加酵母　发酵罐装入量为容器容积的4/5，然后加入酵母200mg/L。加活性干酵母的方法是，将每克活性干酵母，加入10倍体积的35～38℃纯净水里，不停地搅拌。待酵母开始再生，有大量的泡沫冒起来时，加入到发酵罐。搅拌均匀，温度控制在20~30℃。

(6) 汁渣分离　接酵母后每天测相对密度，当相对密度低于1.000时，进行皮渣分离，得到原酒。在原酒中添加亚硫酸，使酒中游离二氧化硫含量为60mg/kg。

(7) 苹果酸－乳酸发酵　将原酒短期贮存，进行苹果酸－乳酸发酵，通常半个月左右。

(8) 澄清　短期贮存后的原酒逐渐变得清亮，酒脚沉淀于罐底。经倒酒，实现酒与酒脚的分离，然后再下胶。下胶澄清会引起蛋白质、单宁和多糖之间的絮凝，同时还能吸附一些非稳定因素。所以下胶不仅仅能够使葡萄酒澄清，同时也能使葡萄酒稳定。往葡萄酒中下胶的方法是，把需要的下胶量称好，提前一天用温水浸泡，充分搅拌均匀，添加量约是20~100mg/L。

(9) 陈酿　下胶处理结束后，应立即过滤，除去不稳定性的胶体物质。这时的酒，有辛辣味，不醇和，需要贮存一定时间，让其自然老熟，减少新酒的刺激性、辛辣性，使酒体绵软适口，醇厚香浓，口味协调。在陈酿期间，保证温度在20℃左右，使酒自发的进行酯化反应与氧化反应。酒要满罐贮存，防止酒的氧化。

(10) 冷冻　原酒通过冷冻工艺可促进酒石酸盐类沉淀及胶体物质的凝聚，改善风味，提高酒的稳定性。冷处理的温度应在其冰点以上，即 -0.5℃，处理时间为4d左右。

(11) 除菌　用二道串联的 0.45μm 膜进行除菌过滤，以得到生物稳定的果酒。

(12) 成品　灌装后，经进一步包装后就得到成品。

五、实训结果

1. 感官评价

观色即是观察葡萄酒本身的色泽。晶亮透明、微黄带绿是典型白葡萄酒的颜色。红葡萄酒越陈越有光泽，不同葡萄品种所酿出的色泽不同，色泽纯正是人们最好感觉。闻香是指通过运用嗅觉，慢慢地领略酒中的香味，是一种果香的气味，香味纯朴是上等葡萄酒所具有的特色。品味即是入口的滋味，新鲜、醇厚、爽口、可口、纯正都是品味内容。

2. 理化指标检测测定成品葡萄酒中还原糖、总酸、单宁、酒精的含量。

六、思考题

1. 各组分在葡萄酒中的作用是什么？
2. 发酵过程中的操作条件对产品的质量有何影响？

3. 葡萄酒依靠什么防止微生物引起腐败，保持产品的稳定性？

实训十三　果酒中单宁的测定

一、实训目的

了解果酒（葡萄酒）中单宁的作用，掌握果酒（葡萄酒）中单宁的测定方法。

二、实训原理

单宁物质是强还原剂，极易被氧化，样品用高锰酸钾滴定，以靛蓝为指示剂，由深蓝色变成绿色，最后变成金黄色即为终点。

三、材料与设备

1. 材料

1%靛蓝、1:1硫酸溶液、0.05mol/L高锰酸钾溶液。

2. 设备

恒温干燥箱、滴定管、水浴锅、铁架台、25mL三角瓶、500mL三角瓶、100mL烧杯。

四、实训步骤

1. 基准物质的干燥

准确称取在105~110℃烘箱中保持3h直至质量恒定的基准物质草酸钠0.2g（准确至0.0002g）。

2. 基准物质的溶解

将已称重的基准物质草酸钠加200mL蒸馏水溶解，再加入1:1硫酸溶液10mL，在60~70℃水浴上保持5min。

3. 高锰酸钾溶液的标定

将上述配制好的基准物质趁热用高锰酸钾溶液滴定至溶液成粉红色，在1min内不褪色即为滴定终点。

$$c = \frac{m}{0.06700 \times V}$$

式中　c——高锰酸钾溶液浓度，mol/L

　　　m——草酸钠的质量，g

　　　V——测定时消耗高锰酸钾溶液的体积，mL

0.06700——消耗1mL 1mol/L高锰酸钾标准溶液相当于草酸钠的质量，g

4. 样品测定

（1）样品处理　取酒样50mL于100mL烧杯中，加入2g左右粉末活性炭，用玻璃棒搅匀，静止5min，过滤在100mL锥形瓶内备用。

（2）脱色样品滴定　吸取10mL处理液置于500mL三角瓶内，加入蒸馏水400mL及10mL靛蓝指示剂，用标定好的高锰酸钾标准溶液滴定，由深蓝色变成绿色，最后变成金黄色即为终点。记录下消耗高锰酸钾标准溶液的体积V_1（以mL计）。

（3）未脱色样品滴定　由原酒样（未脱色之酒样）10mL，同上操作（2），滴至金黄色即为终点。记录下消耗高锰酸钾标准溶液的体积V_2（以mL计）。

五、实训结果

$$\rho = 0.002079 \times (V_1 - V_2) \times \frac{100}{10}$$

式中　ρ——单宁含量（以没食子单宁酸计，g/L）

V_1——第2次滴定未脱色的原酒试液所消耗0.05mol/L $KMnO_4$溶液的体积，mL

V_2——滴定已脱色的原酒试液所消耗0.05mol/L 高锰酸钾溶液的体积，mL

0.002079——消耗0.05mol/L 高锰酸钾溶液1mL 相当单宁的质量，g

10——吸取试样体积，mL

100——换算为100mL试液的系数

六、思考题

葡萄酒中单宁的作用是什么？

七、注意事项

1. 活性炭用量应随酒样颜色适量增减。
2. 滴定速度不要太快（1滴/s），但要连续，间断滴定会影响反应终点。
3. 滴定过程中溶液颜色递变规律为深蓝色→黄绿色→金黄色（终点）。

实训十四　葡萄酒中总糖的测定

一、实训目的

掌握葡萄酒中总糖的测定方法。

二、实训原理

费林溶液与还原糖共沸，生成氧化亚铜沉淀，以次甲基蓝为指示剂，用经水解后的样品滴定沸腾状态的费林溶液，达到终点时，稍微过量的还原糖将次甲基蓝还原成无色为终点。依据样品的消耗量求得总糖的含量。

三、材料与设备

1. 材料

1:1 盐酸溶液、200g/L 氢氧化钠溶液。

2.5g/L 葡萄糖标准溶液：称取经 103～105℃ 烘干至质量恒定的无水葡萄糖 2.5g（精确至 0.0001g），加水溶解定容至 1000mL。

10g/L 次甲基蓝指示液：称取次甲基蓝 1.0g，加水溶解并定容至 100mL。

费林甲液：称取硫酸铜（$CuSO_4 \cdot 5H_2O$）69.28g，加水溶解并定容至 1000mL。

费林乙液：称取酒石酸钾钠 346g 及氢氧化钠 100g，加水溶解并定容至 1000mL，摇匀、过滤、备用。

2. 设备

电炉、水浴锅、铁架台、滴定管。

四、实训步骤

1. 费林溶液的标定

（1）预滴定　准确吸取费林甲、乙液各 5.00mL 于 250mL 锥形瓶中，加 50mL 水，摇匀，在电炉上加热至沸，在沸腾状态下用葡萄糖标准溶液（2.5g/L）滴定，待溶液的蓝色即将消失时，加入 2 滴次甲基蓝指示液（10g/L），继续用葡萄糖标准溶液滴定至蓝色消失为终点。记录消耗葡萄糖标准溶液的体积。

（2）正式滴定　准确吸取费林甲、乙液各 5.00mL 于 250mL 锥形瓶中，加 50mL 水，混匀后，加入比预滴定体积少 1mL 的葡萄糖标准溶液（2.5g/L），置于电炉上加热至沸，并保持 2min，加 2 滴次甲基蓝指示液，在沸腾状态下用葡萄糖标准溶液（2.5g/L）滴定至蓝色刚好消失为终点，滴定操作需在 1min 内完成。记录消耗葡萄糖标准溶液的体积（V_1）。

（3）计算

$$F = \frac{m}{1000} \times V_1$$

式中　F——费林甲、乙液各 5mL 相当于葡萄糖的质量，g

　　　M——葡萄糖标准溶液中所含葡萄糖的质量，g

　　　V_1——费林溶液标定时消耗的葡萄糖标准溶液的体积，mL

2. 样品的测定

（1）各类葡萄酒（除干葡萄酒外）以及果酒中总糖的测定　准确吸取一定量的酒样（V_2）于 100mL 容量瓶中，使最终溶液所含的总糖量约为 2.5g/L，加 5mL 盐酸溶液（1:1），15mL 水，摇匀，于（68±1℃）水浴上水解 15min，取出，冷却。用氢氧化钠溶液（200g/L）中和至中性，加水定容至刻度，混匀，备用。

以上述水解试样代替葡萄糖标准溶液，作预滴定和正式滴定，记录正式滴定消耗的水解试样的体积（V_3）。

（2）干葡萄酒中总糖的测定　准确吸取 10.00mL 的酒样于 25mL 容量瓶中加 5mL 盐酸溶液（1:1），摇匀，于（68±1）℃水浴上水解 15min，取出，冷却。用氢氧化钠（200g/L）中和至中性，加水定容至刻度，混匀，备用。

按预滴定和正式滴定要求进行操作，只是先加入 7.00mL 干葡萄酒的水解液，然后再用葡萄糖标准溶液滴定至终点。记录正式滴定时消耗的葡萄糖标准溶液的体积（V_4）。

五、实训结果

（1）计算结果

$$X_1 = \frac{F}{\frac{V_2}{100} \times V_3} \times 1000 \qquad X_2 = \frac{F - G \times V_4}{\frac{10}{25} \times 7.00} \times 1000$$

式中　X_1——除干葡萄酒外，各类葡萄酒（果酒）中总糖的含量，g/L

　　　F——费林甲、乙液各 5mL 相当于葡萄糖的质量，g

　　　V_2——除干葡萄酒外，各类葡萄酒（果酒）中总糖测定时，制备水解试样时吸取的酒样体积，mL

　　　V_3——除干葡萄酒外，各类葡萄酒（果酒）中总糖测定时，滴定消耗的水解试样的体积，mL

　　　X_2——干葡萄酒中总糖的含量，g/L

　　　G——葡萄糖标准溶液的准确浓度，g/mL

　　　V_4——干葡萄酒中总糖测定时，滴定消耗的葡萄糖标准溶液的体积，mL

（2）统计结果　将上述所得结果，填入表 6-3 中。

表 6-3　　　　　　　　酒中总糖测定结果统计表

	V_1	V_4
第一次/mL		
第二次/mL		
平均值/mL		
F/g		
X_2/（g/L）		

六、思考题

葡萄酒总糖测定的原理是什么？

七、注意事项

同一样品两次滴定结果的差值不得超过 0.10mL/L。

实训十五　白酒酿造

一、实训目的

掌握白酒酿造的方法和操作步骤。

二、实训原理

白酒是以淀粉质原料或含糖质原料，以酒曲为糖化发酵剂，经制曲、淀粉糖化、酒精发酵、蒸馏、老熟陈酿、勾兑调味等工序加工而成。白酒中大部分是乙醇和水（占98%），剩余2%是各种香味物质，主要成分是醇类、酯类、醛类、酮类、芳香族化合物等。

三、材料与设备

1. 材料

高粱、小曲粉、谷壳、酒糟。

2. 设备

大木桶、甑锅、白酒蒸馏器、贮酒桶、篾席、撮箕、木锨。

四、操作步骤

1. 配方（以 kg 计）

高粱	50	谷壳	40
小曲粉	0.2	酒糟	150

2. 工艺流程

浸粮 → 蒸粮 → 出甑、摊凉、下曲 → 培菌糖化 → 入桶发酵 → 蒸酒

3. 操作要点

（1）浸粮　50kg 高粱放入桶内，加 90℃ 热水 85kg，搅拌使温度维持在 73～74℃，加盖保温，浸泡 2～3h，揭盖检查刮平，使粮不露出水面。经 6～10h 后，放掉浸泡水，吊干浸润 1～2h，入甑蒸粮。

（2）蒸粮　先将甑筐铺好，锅内加水至甑箅下 10cm，撮粮入甑，装完扒平整，安上围边上盖，猛火蒸粮。满圆汽后维持大火 10～15min，停火，同时向甑内加入 30～40kg 水，使水淹过粮面 6～7cm，用地温表插入粮层内，检查甑箅上水温为 60～65℃，粮面水温为 94～95℃。仔细检查甑内粮粒不顶手、软硬适度

时,从锅沿放水孔放出闷水,再加上盖,开大火复蒸至圆汽,再蒸50min,敞开盖蒸10min出甑。

（3）出甑、摊凉、下曲　出甑前铺好席,席上撒一薄层稻壳,用蒸过的簸箕从甑粮于席上,搅拌两次,使之快速降温。当温度降至38～40℃,撒第一次曲,撒曲后翻拌均匀,摊平。当品温继续下降至34～35℃时,撒第二次曲,翻拌均匀。

（4）培菌糖化　在地面铺10～15cm谷壳,谷壳上垫篾席,接种的粮料移至篾席摊平,厚15～20cm,上面撒少许谷壳,盖上篾席,席上铺谷壳保温培养20～24h,待品温升至31～32℃时应勤检查,当品温升至34℃左右,粮粒香甜时,培菌结束。

（5）入桶发酵　由50kg高粱所制得的培菌粮料可配入120kg酒糟和20kg谷壳,翻拌均匀,装入发酵桶内,上面压紧,再盖上一层酒糟,上铺篾席,最后以泥封顶,顶上插一竹筒送至醅中,其中吊一温度计,每日观察温度的变化和筒口出气情况,发酵5～6d,即可出桶蒸酒。

（6）蒸酒　取出桶内发酵香醅装入甑内,装甑操作与大曲酒的装甑操作相同,做到随时热随时装甑,轻上匀撒,不压汽不跑汽。装甑结束,盖甑蒸酒,流酒温度控制在35℃,做到截头去尾分段接酒。去酒头0.25kg,蒸馏至30～40℃以后作为酒尾。

五、实训结果

测定白酒中乙醇和双乙酰的含量。

六、思考题

1. 白酒酿造的原理是什么?
2. 白酒酿造的主要原料有哪些?
3. 白酒酿造的辅料有哪些及其作用是什么?

七、注意事项

1. 控制好发酵条件。
2. 蒸酒过程注意气压均匀,流尾酒时要加大火力,做到大汽排尾。

实训十六　白酒中甲醇的测定

一、实训目的

学会利用分光光度计法测定白酒中甲醇的含量。

二、实训原理

酒中甲醇在磷酸溶液中被高锰酸钾氧化成甲醛，过量的高锰酸钾及在反应中产生的二氧化锰用硫酸草酸溶液除去，甲醛与品红亚硫酸作用生成蓝紫色醌型色素，与标准系列比较定量。

三、材料与设备

1. 材料

高锰酸钾－磷酸溶液：称取 3g 高锰酸钾，加入 15mL 85% 磷酸溶液及 70mL 水的混合液中，待高锰酸钾溶解后用水定容至 100mL。贮于棕色瓶中备用。

草酸－硫酸溶液：称取 5g 无水草酸或 7g 草酸（$H_2C_2O_2 \cdot 2H_2O$），溶于 1∶1 冷硫酸中，并用 1∶1 冷硫酸定容至 100mL。混匀后，贮于棕色瓶中备用。

品红亚硫酸溶液：称取 0.1g 研细的碱性品红，分次加水（80℃）共 60mL，边加水边研磨使其溶解，待其充分溶解后滤于 100mL 容量瓶中，冷却后加 10mL（10%）亚硫酸钠溶液，1mL 盐酸，再加水至刻度，充分混匀，放置过夜。如溶液有颜色，可加少量活性炭搅拌后过滤，贮于棕色瓶中，置暗处保存。溶液呈红色时应弃去重新配制。

甲醇标准溶液：准确称取 1.000g 甲醇（相当于 1.27mL）置于预先装有少量蒸馏水的 100mL 容量瓶中，加水稀释至刻度，混匀。此溶液每 1mL 相当于 10mg 甲醇，置低温保存。

甲醇标准应用液：吸取 10.0mL 甲醇标准溶液置于 100mL 容量瓶中，加水稀释至刻度，混匀。此溶液每 1mL 相当于 1mg 甲醇。

无甲醇、无甲醛的乙醇制备：取 300mL 无水乙醇，加高锰酸钾少许，振摇后放置 24h，蒸馏，最初和最后的 1/10 蒸馏液弃去，收集中间的蒸馏部分即可。

10% 亚硫酸钠溶液。

2. 设备

分光光度计、电炉、比色管。

四、实训步骤

（1）根据待测白酒中预估含乙醇多少适当取样（含乙醇 30% 取 1.0mL；40% 取 0.8mL；50% 取 0.6mL；60% 取 0.5mL）于 25mL 具塞比色管中。

（2）精确吸取 0.0、0.20、0.40、0.60、0.80、1.00mL 甲醇标准应用液（相当于 0、0.2、0.4、0.6、0.8、1.0mg 甲醇）分别置于 25mL 具塞比色管中，各加入 0.3mL 无甲醇、无甲醛的乙醇。

（3）在样品管及标准管中各加水至 5mL，混匀，各管加入 2mL 高锰酸钾－磷酸溶液，混匀，放置 10min。

（4）各管加 2mL 草酸 – 硫酸溶液，混匀后静置，使溶液褪色。

（5）各管再加入 5mL 品红亚硫酸溶液，混匀，于 20℃ 以上静置 0.5h。

（6）以 0 管调零点，于 590nm 波长处测吸光度值，与标准曲线比较定量。

五、实训结果

$$X = \frac{m}{V \times 1000} \times 100$$

式中　X——样品中甲醇的含量，g/100mL

　　　m——测定样品中所含的甲醇相当于标准的质量，mg

　　　V——样品取样体积，mL

六、思考题

1. 简述白酒中甲醇测定的原理。
2. 白酒中甲醇的危害是什么？

七、注意事项

1. 亚硫酸品红溶液呈红色时应重新配制，新配制的亚硫酸品红溶液放冰箱中 24~48h 后再用为好。

2. 白酒中其他醛类以及经高锰酸钾氧化后由醇类变成的醛类（如乙醛、丙醛等），与品红亚硫酸作用也显色，但在一定浓度的硫酸酸性溶液中，除甲醛可形成经久不褪的紫色外，其他醛类则历时不久即褪色或不显色，故无干扰。因此操作中时间条件必须严格控制。

3. 酒样和标准溶液中的乙醇浓度对比色有一定的影响，故样品与标准管中乙醇含量要大致相等。

实训十七　白酒酒精度的测定

一、实训目的

1. 熟悉密度、相对密度的概念，掌握酒精计结构和刻度示值意义及校正方法。
2. 规范蒸馏操作技能，掌握酒精计温度浓度换算。
3. 掌握密度计法测定白酒酒精度的方法。

二、实训原理

白酒的酒度即白酒乙醇（酒精）体积浓度，是指在 20℃ 时酒精水溶液中所含乙醇的体积与在同温度下该溶液总体积之百分比。利用酒精计和温度计直接读取酒精计和温度的示值然后查"酒精计温度酒精度乙醇含量"换算表换算成

20℃时的酒精度。

三、材料与设备

1. 材料

市售白酒。

2. 设备

250mL 全玻璃蒸馏器、50mL 移液管、100mL 容量瓶、玻璃珠数粒、酒精密度计（精度为 0.1 度）、温度计（0~50℃，分度值为 0.2℃）、100mL 量筒。

四、实训步骤

（1）实训准备　清洗所用玻璃仪器，保持干燥干净。

（2）样品处理　吸取 100mL 试样于 250mL 或 500mL 全玻璃蒸馏器中，加 50mL 水，再加入玻璃珠数粒，装上冷凝器，开启电炉缓缓加热蒸馏，用 100mL 容量瓶收集馏出液 100mL，混匀，备用。

（3）注入酒样　将蒸馏后的试样倒入洁净干燥的量筒中静置至酒中气泡消失。

（4）插入酒精密度计　将洗净擦干的酒精计缓缓沉入量筒中，静止后再轻轻按下少许，待其上升静止后读数。

（5）读数与测温　从水平位置观察酒精密度计与液面弯月面相切处的刻度示值，即为乙醇浓度，同时测定温度（重复三次）。

（6）测温与换算　按测定的温度与浓度，查表，换算成温度为 20℃时的乙醇浓度（%，体积分数）。

五、实训结果

报告结果，见表 6-4。

表 6-4　　　　　　酒精度测定数据记录表

试样名称	
α（实测试样的酒精度）	
t（测量时试样的温度）/℃	
测定结果 1. ××品牌的白酒酒精度为多少？ 2. 实训结果与商品标志是否一致？	

六、思考题

白酒酒精度测定的原理是什么？

七、注意事项

同一样品的两次测定值之差，不得超过0.2%（体积分数），保留一位小数。

实训十八　白酒中杂醇油的测定

一、实训目的

学会利用分光光度计测定白酒中杂醇油含量。

二、实训原理

杂醇油成分复杂，其中有正乙醇，正、异戊醇，正、异丁醇，丙醇等。本法测定标准以异戊醇和异丁醇表示，异戊醇和异丁醇在硫酸作用下生成戊烯和丁烯，再与对二甲胺基苯甲醛作用显橙黄色，与标准系列比较定量。

三、材料与设备

1. 材料

5g/L 对二甲胺基苯甲醛-硫酸溶液。

无杂醇油的乙醇。

杂醇油标准溶液：准确称取 0.080g 异戊醇和 0.020g 异丁醇于 100mL 容量瓶中，加无杂醇油乙醇 50mL，再加水稀释至刻度。此溶液每 1mL 相当于 1mg 杂醇油，置低温保存。

杂醇油标准使用液：吸取杂醇油标准溶液 5.0mL 于 50mL 容量瓶中，加水稀释至刻度。此溶液每 1mL 相当于 0.01mg 杂醇油。

2. 设备

分光光度计。

四、实训步骤

（1）吸取 1.0mL 试样于 10mL 容量瓶中，加水至刻度，混匀后，吸取 0.30mL，置于 10mL 比色管中。

（2）吸取 0、0.10、0.20、0.30、0.40、0.50mL 杂醇油使用液（相当 0、0.10、0.20、0.30、0.40、0.50mg 杂醇油），置于 10mL 比色管中。

（3）在试样管及标准管中各准确加水至 1mL，摇匀，放入冷水中冷却，沿管壁加入 2mL 对二甲胺基苯甲醛-硫酸溶液（5g/L），使其沉至管底，再将各管同时摇匀，放入沸水浴中加热 15min 后取出，立即放入冰浴中冷却，并立即各加入 2mL 水，混匀，冷却。10min 后用 1cm 比色杯以 0 管调节零点，于波长 520nm 处测吸光度，绘制标准曲线进行比较。

五、实训结果

按下式计算杂醇油的质量：

$$X = \frac{m \times 10}{V_1 \times V_2 \times 10^3} \times 100$$

式中　X——试样中杂醇油的含量，g/100mL
　　　m——测定试样稀释液中杂醇油的质量，mg
　　　V_2——试样体积，mL
　　　V_1——测定用试样稀释体积，mL

六、思考题

1. 白酒中杂醇油的来源及危害是什么？
2. 白酒中杂醇油测定的原理是什么？

项目七 调味制品加工实训

实训一 豆腐乳加工

一、实训目的

1. 掌握豆腐乳发酵的工艺过程。
2. 观察豆腐乳发酵过程中的变化。

二、实训原理

豆腐坯上接种毛霉，经过培养繁殖，分泌蛋白酶、淀粉酶、谷氨酰胺酶等复杂酶系，在长时间后发酵中与腌坯调料中的酶系、酵母菌、细菌等协同作用，使腐乳坯蛋白质缓慢水解，生成多种氨基酸，加之由微生物代谢产生的各种有机酸与醇类作用生成酯，形成细腻、鲜香的特色豆腐乳。

三、材料与设备

1. 材料

豆腐坯、毛霉菌种、黄酒、白酒、红曲米、甜酒酿。

2. 设备

培养箱、三角瓶。

四、实训步骤

1. 悬液制备

（1）毛霉菌种的扩繁　将毛霉菌种接入斜面培养基，于25℃培养2d；将斜面菌种转接到盛有种子培养基的三角瓶中，于同样温度下培养至菌丝和孢子生长旺盛，备用。

（2）孢子悬液制备　于上述三角瓶中加入无菌水200mL，用玻璃棒搅碎菌丝，用无菌双层纱布过滤，滤渣倒回三角瓶，再加200mL无菌水洗涤1次，合并滤液于第一次滤液中，装入喷枪贮液瓶中供接种使用。

2. 接种孢子

用刀将豆腐坯划成 4.1cm×4.1cm×1.6cm 的块,将笼格经蒸汽消毒、冷却,用孢子悬液喷洒笼格内壁,然后把划块的豆腐坯均匀竖放在笼格内,块与块之间间隔 2cm。再用喷枪向豆腐块上喷洒孢子悬液,使每块豆腐周身沾上孢子悬液。

3. 培养与晾花

将放有接种豆腐坯的笼格放入培养箱中,于 20℃ 左右培养,培养 20h 后,每隔 6h 上下层调换一次,以更换新鲜空气,并观察毛霉生长情况。44~48h 后,菌丝顶端已长出孢子囊,腐乳坯上毛霉呈棉花絮状,菌丝下垂,白色菌丝已包围住豆腐坯,此时将笼格取出,使热量和水分散失,坯迅速冷却,其目的是增加酶的作用,并使酶味散发,此操作在工艺上称为晾花。

4. 装瓶与压坯

将冷至 20℃ 以下的坯块上互相依连的菌丝分开,用手指轻轻地每块表面揩涂一遍,使豆腐坯上形成一层皮衣,装入玻璃瓶内,边揩涂边沿瓶壁呈同心圆方式一层一层向内侧放,摆满一层稍用手压平,撒一层食盐,每 100 块豆腐坯用盐约 400g,使平均含盐量约为 16%,如此一层层铺满瓶。下层食盐用量少,向上食盐逐层增多,腌制中盐分渗入毛坯,水分析出,为使上下层含盐均匀,腌坯 3~4d 时需加盐水淹没坯面,称之为压坯。腌坯周期冬季 13d,夏季 8d。

5. 装坛发酵

(1) 红方　按每 100 块坯用红曲米 32g、面曲 28g、甜酒酿 1kg 的比例配制染坯红曲卤和装瓶红曲卤。先用 200g 甜酒酿浸泡红曲米和面曲 2d,研磨细,再加 200g 甜酒酿调匀即为染坯红曲卤。将腌坯沥干,待坯块稍有收缩后,放在染坯红曲卤内,六面染红,装入经预先消毒的玻璃瓶中。再将剩余的红曲卤用剩余的 600g 甜酒酿兑稀,灌入瓶内,淹没腐乳,并加适量面盐和 50°白酒,加盖密封,在常温下贮藏 6 个月成熟。

(2) 白方　将腌坯沥干,待坯块稍有收缩后,将按甜酒酿 0.5kg、黄酒 1kg、白酒 0.75kg、盐 0.25kg 的配方配制的汤料注入瓶中,淹没腐乳,加盖密封,在常温下贮藏 2~4 个月成熟。

五、实训结果

1. 从腐乳的表面及断面色泽、组织形态(块形、质地)、滋味及气味、有无杂质等方面综合评价腐乳质量(表 7-1)。

表 7-1　腐乳感官评价表

项目	质量评价		得分
	红腐乳	白腐乳	
色泽（30）	表面鲜红色或枣红色，断面呈杏黄色或酱红色	呈乳黄色或黄褐色，表里色泽基本一致	
滋味与气味（30）	滋味鲜美，咸淡适口，具有红腐乳特有的气味，无异味	滋味鲜美，咸淡适口，具有白腐乳特有的气味，无异味	
组织形态（20）	块形整齐，质地细腻		
杂质（20）	无外来杂质		

2. 理化指标

测定腐乳中氨基态氮（以氮计）：红腐乳 ≥ 72.0g/100g，白腐乳 ≥ 75.0g/100g。

六、思考题

1. 腐乳生产主要采用何种微生物？
2. 腐乳生产发酵原理是什么？
3. 试分析腌坯时所用食盐含量对腐乳质量有何影响？

实训二　毛霉的分离纯化

一、实训目的

学习毛霉的分离和纯化方法。

二、实训原理

豆腐乳是我国独特的传统发酵食品，是用豆腐发酵制成。民间古法生产豆腐乳均为自然发酵，现代酿造厂多采用蛋白酶活力高的鲁氏毛霉或根霉发酵。

三、材料与设备

1. 材料

毛霉斜面菌种、马铃薯葡萄糖琼脂培养基（PDA）、无菌水、豆腐坯、红曲米、面曲、甜酒酿、白酒、黄酒、食盐。

2. 设备

培养皿、500mL 三角瓶、接种针、小笼格、喷枪、小刀、带盖广口瓶、显微镜、恒温培养箱。

四、实训步骤

1. 工艺流程

毛霉斜面菌种→扩大培养→孢子悬浮液
　　　　　　　　　　　　　　↓
豆腐→豆腐坯→接种→培养→晾花→加盐→腌坯→装瓶→后熟→成品

2. 操作要点

（1）毛霉的分离　配制培养基→毛霉分离→观察菌落→显微镜检。

①酸制马铃薯葡萄糖琼脂培养基（PDA），经配制、灭菌后倒平板备用。

②毛霉的分离　从长满毛霉菌丝的豆腐坯上取小块于 5mL 无菌水中，振摇，制成孢子悬液，用接种环取该孢子悬液在 PDA 平板表面作划线分离，于 20℃ 培养 1~2d，以获取单菌落。

（2）豆腐乳的制备

悬液制备→接种孢子→培养与晾花→装瓶与压坯→装坛发酵→感官鉴定

五、实训结果

1. 菌落观察

呈白色棉絮状，菌丝发达。

2. 显微镜检

于载玻片上加 1 滴石炭酸液，用解剖针从菌落边缘挑取少量菌丝于载玻片上，轻轻将菌丝体分开，加盖玻片，于显微镜下观察孢子囊、孢囊梗的着生情况。若无假根和匍匐菌丝或菌丝不发达，孢囊梗直接由菌丝长出，单生或分枝，则可初步确定为毛霉。

六、思考题

毛霉分离的步骤是什么？

实训三　酱油种曲孢子发芽率的测定

一、实训目的

学习孢子发芽率的测定方法。

二、实训原理

测定孢子发芽率的方法常有液体培养法和玻片培养法，部颁标准采用玻片培养法。本实训应用液体培养法制片在显微镜下直接观察测定孢子发芽率。孢子发芽率除受孢子本身活力影响外，培养基种类、培养温度、通气状况等因素也会直接影响到测定的结果。所以测定孢子发芽率时，要求选用固定的培养基和培养条件，才能准确反映其真实活力。

三、材料与设备

1. 材料

种曲孢子粉、察氏液体培养基。

2. 设备

载玻片、盖玻片、显微镜、接种环、酒精灯、恒温摇床。

四、实训步骤

1. 工艺流程

种曲孢子粉→接种→恒温培养→制标本片→镜检→计数

2. 操作要点

（1）接种　用接种环挑取种曲少许接入含察氏液体培养基的三角瓶中，置于30℃下摇床振荡恒温培养3~5h。

（2）制片　用无菌滴管取上述培养液于载玻片上滴一滴，盖上盖玻片，注意不可产生气泡。

（3）镜检　将标本片直接放在高倍镜下观察发芽情况，标本片至少同时做2个，连续观察2次以上，取平均值，每次观察不少于100个孢子发芽情况。

五、实训结果

$$C = \frac{A}{A+B} \times 100\%$$

式中　C——发芽率

　　　A——发芽孢子数

　　　B——未发芽孢子数

六、思考题

1. 影响孢子发芽率的因素有哪些？
2. 哪些实训步骤容易造成结果误差？

七、注意事项

1. 正确区分孢子的发芽和不发芽状态。
2. 培养前要检查调整孢子接入量，以每个视野含孢子数10~20个为宜。

实训四　酱油种曲孢子数的测定

一、实训目的

掌握应用血球计数板测定孢子数方法。

二、实训原理

种曲是成曲的曲种，是保证成曲的关键，是酿制优质酱油的基础。种曲质量要求之一是含有足够的孢子数量，必须达到 $6\times10^9/g$（干基计）以上，孢子旺盛、活力强、发芽率达85%以上，所以孢子数及其发芽率的测定是种曲质量控制的重要手段。测定孢子数方法有多种，本实训采用血球计数板在显微镜下直接计数，这是一种常用的细胞计数方法。此法是将孢子悬浮液放在血球计数板与盖片之间的计数室中，在显微镜下进行计数。由于计数室中的容积是一定的，所以可以根据在显微镜下观察到的孢子数目来计算单位体积的孢子总数。

三、材料与设备

1. 材料

酱油种曲、95%酒精、稀硫酸（1:10）。

2. 设备

盖玻片、旋涡均匀器、血球计数板、电子天平、显微镜。

四、实训步骤

1. 工艺流程

曲种→|称量|→|稀释|→|过滤|→|定容|→|制计数板|→|观察计数|→|计算|

2. 操作要点

（1）样品稀释　精确称取种曲1g（称准至0.002g），倒入盛有玻璃珠的250mL三角瓶内，加入95%酒精5mL、无菌水20mL、稀硫酸（1:10）10mL，在旋涡均匀器上充分振摇，使种曲孢子分散，然后用3层纱布过滤，用无菌水反复冲洗，务使滤渣不含孢子，最后稀释至500mL。

（2）制计数板　取洁净干燥的血球计数板盖上盖玻片，用无菌滴管取孢子稀释液1小滴，滴于盖玻片的边缘处（不宜过多），让滴液自行渗入计数室中，注意不可有气泡产生。若有多余液滴，可用吸水纸吸干，静止5min，待孢子沉降。

（3）观察　用显微镜低倍镜和高倍镜观察，由于稀释液中的孢子在血球计数板上处于不同的空间位置，要在不同的焦距下才能看到，因而计数时必须逐格调动微调螺旋，才能不使之遗漏，如孢子位于格的线上，数上线不数下线，数左线不数右线。

（4）计数　使用 16×25 规格的计数板时，只计板上 4 个角上的 4 个中格（即 100 个小格），如果使用 25×16 规格的计数板，除计 4 个角上的 4 个中格外，还需要计中央一个中格的数目（即 80 个小格）。每个样品重复观察计数不少于 2 次，然后取其平均值。

16×25 的计数板：

$$\text{孢子数}(1/g) = (N/100) \times 400 \times 10000 \times (V/G) = 4 \times 10^4 \times (NV/G)$$

式中　N——100 小格内孢子总数

　　　V——孢子稀释液体，mL

　　　G——样品质量，g

25×16 的计数板：

$$\text{孢子数}(1/g) = (N/80) \times 400 \times 10000 \times (V/G) = 5 \times 10^4 \times (NV/G)$$

式中　N——80 小格内孢子总数

　　　V——孢子稀释液体积，mL

　　　G——样品质量，g

五、实训结果

样品稀释至每个小格所含孢子数在 10 个以内较适宜，过多不易计数，应进行稀释调整。结果记入表 7-2。

表 7-2　　　　　　　　　孢子数记录表

计算次数	各中格孢子数	小格平均孢子数	稀释倍数	孢子数（个/g）	平均值（个/g）
第一次					
第二次					

六、思考题

用血球计数板测定孢子数有什么优缺点？

七、注意事项

实训中，称样时要尽量防止孢子飞扬。测定时，如果发现有许多孢子集结成团或成堆，说明样品稀释未能符合操作要求，因此必须重新称生、振摇、稀释。生产实训中应用时，种曲通常以干物质计算。

实训五 酱油中氨基酸态氮含量的测定

一、实训目的

掌握酱油中氨基酸态氮的测定方法。

二、实训原理

氨基酸中的氨基和甲醛反应后失去碱性，氨基酸则成为羧酸，用氢氧化钠标准溶液滴定可测出氨基酸含量，从而计算出氨基酸态氮的量。

三、材料与设备

1. 材料

pH=6.18 标准缓冲溶液、20%中性甲醛溶液（或37%~40%）、0.05mol/L 的氢氧化钠标准溶液。

2. 设备

酸度计、磁力搅拌器、250mL 烧杯、微量滴定管。

四、实训步骤

1. 样品处理

先吸取酱油 5.00mL 于 100mL 容量瓶中，加水定容。之后，吸取定容液 20.00mL 于 250mL 烧杯中，加水 60mL，放入磁力转子，开动磁力搅拌器使转速适当。用 pH 6.18 的标准缓冲液校正酸度计，然后将电极清洗干净，再插入到上述酱油液中，用氢氧化钠标准溶液滴定至酸度计指示 pH 8.2，记下消耗的氢氧化钠溶液体积。

2. 氨基酸的滴定

在上述滴定至 pH 8.2 的溶液中加入 10.00mL 的中性甲醛溶液，再用氢氧化钠标准溶液滴定至 pH 9.2，记下消耗的氢氧化钠溶液体积。

3. 空白滴定

吸取 80mL 蒸馏水于 250mL 的烧杯中，用氢氧化钠标准溶液滴定至 pH 8.2，然后加入 10.00mL 中性甲醛溶液，再用氢氧化钠标准溶液滴定至 pH 9.2，记下加入甲醛后消耗的氢氧化钠溶液体积。

五、实训结果

$$X(\%) = \frac{(V_1 - V_2) \times c \times 0.014}{V_3 \times \frac{20}{100}} \times 100$$

式中 X——样品中氨基酸态氮的含量（以氮计），g/100mL

V_1——酱油稀释液在加入甲醛后滴定至 pH 9.2 所用氢氧化钠标准溶液的体积，mL

V_2——空白滴定在加入甲醛后滴定至 pH 9.2 所用氢氧化钠标准溶液的体积，mL

c——氢氧化钠标准溶液的浓度，mol/L

V_3——试样稀释液取用量，L

0.014——氮的毫摩尔质量，g/mmol

六、思考题

酱油中氨基酸态氮的作用是什么？

实训六 酱油及盐渍品中食盐的测定

一、实训目的

掌握酱油及盐渍品中食盐（氯化钠）含量测定的方法和原理。

二、实训原理

以铬酸钾作指示剂，用硝酸银标准溶液直接滴定样品中氯化钠。滴定过程中先出现氯化银白色沉淀，当样品中 Cl^- 与 Ag^+ 定量沉淀完全后，稍微过量的 Ag^+ 就与指示剂铬酸钾生成铬酸银砖红色沉淀，即为滴定终点。反应分别为：

$$Ag^+ + Cl^- = AgCl\downarrow（白色） \quad K_{sp(AgCl)} = 1.77 \times 10^{-10}$$

$$2Ag^+ + CrO_4^{2-} = Ag_2CrO_4\downarrow（砖红色） \quad K_{sp(AgCl)} = 1.12 \times 10^{-12}$$

三、材料与设备

1. 材料

0.1mol/L 硝酸银标准溶液、5% 铬酸钾溶液。

2. 设备

容量瓶、锥形瓶。

四、实训步骤

1. 样品处理

准确移取酱油 5.00mL，置于 100mL 容量瓶中，加蒸馏水稀释至刻度，摇匀。若为盐渍品则准确称取约 10.0g，粉碎后，加温蒸馏水 25mL，浸提 30min 并不时搅拌，共三次，浸提液一并移入 100mL 容量瓶中，冷却，加水稀释至刻度，摇匀，过滤。

2. 样品测定

吸取酱油稀释液或盐渍品滤液 10.00mL，置于锥形瓶中，加蒸馏水 50mL，摇匀。加入铬酸钾指示剂 5 滴，在充分振荡下用 0.1mol/L 硝酸银标准溶液滴定至砖红色沉淀出现，即为终点，记下所消耗硝酸银溶液的体积（以 mL 计）。重复性条件下平行测定两次。

移取蒸馏水 60mL，同时做试剂空白试验。

五、实训结果

按下式计算酱油中氯化钠质量分数：

$$\omega = \frac{c \times (V_1 - V_0) \times 0.05845}{5 \times \frac{10}{100}}$$

式中　ω——试样中氯化钠的质量浓度，g/mL

　　　c——硝酸银标准溶液的物质的量浓度，mol/L

　　　V_1——测定试样稀释液时消耗硝酸银标准滴定溶液的体积，mL

　　　V_0——试剂空白消耗硝酸银标准滴定溶液的体积，mL

0.05845——氯化钠的毫摩尔质量

六、思考题

酱油中食盐的作用是什么？

实训七　醋醅中醋酸菌的分离

一、实训目的

掌握醋醅中醋酸菌分离的方法和原理。

二、实训原理

醋醅中分离醋酸菌，一般选用含有碳酸钙米曲汁琼脂培养基，进行稀释法或划线法，由于醋酸菌在生长过程中能产生醋酸将碳酸钙溶解，菌落周围的培养基变为透明。菌落周围透明圈的大小，因菌而异。

三、材料与设备

1. 材料

①米曲汁乙醇碳酸钙培养基　米曲汁（10~12°Bx）1000mL、碳酸钙 10~15g、95% 乙醇 3~4mL（灭菌后加入）、琼脂 20g、pH 自然。

②豆芽汁　黄豆芽或绿豆芽 200g 洗净，1000mL 水中煮沸 30min，纱布过滤得豆芽汁，补足水分至 1000mL。

2. 设备

培养箱、电炉、粉碎机、铝锅、三角瓶（100mL 和 250mL）、接种针、酒精灯、灭菌平板、烧杯。

四、实训步骤

（1）曲汁 30mL 加入 100mL 三角瓶中灭菌。冷却后，用无菌吸管加入 1mL 酒精。然后接入新鲜醋醪少许，25～30℃培养 1 周。

（2）用米曲汁乙醇碳酸钙培养基，将培养一周的醋酸菌，采用稀释法或划线法接种于平板中，醋酸菌为小菌落，因生酸使碳酸钙溶解，菌落周围的培养基变为透明，但要注意碳酸钙与培养基要摇匀，方可倒平板，否则碳酸钙沉于底部，故生长在表面的菌落，也可能无透明圈出现。

（3）将豆芽汁装三角瓶，每瓶 30mL，灭菌后加入酒精 1.5mL，将上述分离出的不同的菌落分别移植于瓶内。25～30℃培养，观察各菌生长情况。用显微镜检查细胞形状（用石炭酸复红液染色）。

（4）将单菌落移至曲汁琼脂斜面，保存菌种。

五、实训结果

挑选单个菌落制作水晶片，革兰染色，同时在 1000 倍光学显微镜下观察其细胞形态、大小和排列特征。

六、思考题

1. 醋酸菌生长的最适温度是多少？
2. 简述醋酸菌生产常用的培养基的组成有哪些？

实训八　食醋酿造

一、实训目的

掌握食醋酿造的方法和原理。

二、实训原理

食醋是利用微生物细胞内各种酶类，在加工过程中进行一系列的生化作用。若以淀粉为原料酿醋，要经过淀粉糖化、酒精发酵和醋酸发酵三个生化过程；以糖类为原料酿醋，需经过酒精和醋酸发酵；而以酒为原料，只需进行醋酸发酵的生化过程。醋酸发酵是由醋酸杆菌以酒精作为基质，主要按下式进行酒精氧化而产生醋酸。

$$CH_3CH_2OH + O_2 \longrightarrow CH_3COOH + H_2O + 494kJ$$

食醋的酿造方法有固态发酵和液态发酵两大类。

三、材料与设备

1. 材料

醋酸菌、酵母菌、麦曲、水果、麦麸、谷糠、食盐。

2. 设备

培养箱、电炉、粉碎机、铝锅、三角瓶（100mL 和 250mL）、接种针、酒精灯、灭菌平板、烧杯。

四、实训步骤

1. 水果处理

将水果先摘果柄、去腐料部分，清洗干净，用筛孔 1.5mm 粉碎机破碎，后将渣汁煮熟成糊状，倒入烧杯中。

2. 酒精发酵

待渣汁冷却至30℃时，接入麦曲（1.6%）和酵母培养液（6%），于培养箱30℃培养 5~6h。这时逐渐有大量气泡冒出，12~15h 后气泡逐渐减少，此时水果中各种成分发酵分解，并有少量酒精产生。

3. 醋酸发酵

每烧杯中加入麦麸（50%）、谷糠（5%）及培养的醋酸菌培养液 10%~20%，使醋醅含水 54%~58%，保温发酵。温度不超过 40℃，醋酸发酵 4~6d，基本结束。

4. 加盐后熟

按醋醅量的 1.5%~2% 加入食盐，放置 2~3d 使其后熟，增加色泽和香气。

5. 淋醋

将后熟和醋醅放在滤布上，徐徐淋入与醋醅量相等的冷开水，要求醋的总酸为 5% 左右。

6. 灭菌及装瓶

灭菌（煎醋）温度控制在 60℃以上，时间在 10~15min。煎醋后即可装瓶。

五、实训结果

测定食醋中总酸的含量。食醋中总酸（以乙酸计，g/100mL）≥3.50。

六、思考题

1. 简述食醋不同酿造工艺的特点是什么？
2. 简述食醋酿造原料。

3. 简述食醋酿造的原料、辅料各有什么？

实训九　淀粉酶解糖液的制备

一、实训目的

掌握淀粉酶解糖液的制备方法和原理。

二、实训原理

发酵生产中，部分生产菌不能直接利用淀粉，也基本上不能利用糊精作为碳源。因此，当以淀粉作为原料时，必须先将淀粉水解成葡萄糖才能供发酵使用。在工业生产上将淀粉水解为葡萄的过程为淀粉的"糖化"，所制得的糖液称为淀粉水解糖。可用来制备淀粉水解糖的原料很多，主要有山芋、玉米、小麦等含淀粉原料。水解淀粉为葡萄糖的方法有3种，即酸解法、酶酸法及双酶法。本实训采用双酶法将淀粉水解为葡萄糖。首先利用 α-淀粉酶将淀粉液化，转化为糊精及低聚糖，使淀粉可溶性增加；接着利用糖化酶将糊精及低聚糖进一步水解，转变为葡萄糖。

三、材料与设备

1. 材料

大米粉、α-淀粉酶（2000U/g）、糖化酶（50000U/g）、碘液（11g碘，加22g碘化钾，用蒸馏水定容至500mL）。

2. 设备

恒温水浴槽、真空泵、抽滤瓶及布氏漏斗、比色板、三角瓶。

四、实训步骤

1. 液化

称取30g大米粉于三角瓶中，加水至100mL，用纯碱调节pH 6.2~6.4，再加入适量的氯化钙。使钙离子浓度达到0.01mol/L，并加入一定量的液化酶（控制5~8U/g淀粉），搅拌均匀后加热至85~90℃，保温10min左右，用碘液检验，达到所需的液化程度后升温到100℃，灭酶5~10min。

2. 碘液检验方法

在洁净的比色板上滴入1~2滴碘液，再滴加1~2滴待检的液化液，若反应液呈橙黄色或棕红色即液化完全。

3. 糖化

将上述液化液冷却至60℃，用10%柠檬酸调节pH 4.0~4.5，按100U/g淀粉的量加入糖化酶，并于55~60℃保温糖化至糖化完全。糖化结束后升温至

100℃，灭酶5min。

4. 糖化终点的判断

在试管中加入10~15mL无水乙醇，加糖化液1~2滴，摇匀后若无白色沉淀形成表明已达到糖化终点。

5. 过滤

将糖化液趁热用布氏漏斗进行抽滤，所得滤液即为水解糖液。

五、实训结果

（1）用糖量仪或采用斐林热滴定法测定水解液中糖浓度，并计算该法水解淀粉产生葡萄糖的收率。

（2）水解糖液的质量标准　色泽：浅黄、杏黄色、透明液。糊精反应：无。DE值：90%以上。还原糖含量：18%左右。透光率：60%以上。pH：4.6~4.8。

六、思考题

1. 淀粉酶的作用是什么？
2. 糖化酶的作用是什么？
3. 糖化时的温度和时间是多少？

实训十　谷氨酸发酵

一、实训目的

掌握谷氨酸发酵的工艺和原理。

二、实训原理

葡萄糖在谷氨酸生产菌的作用下生物合成谷氨酸包括糖酵解途径（EMP）、磷酸己糖途径（HMP）、三羧酸循环（TCA）、乙醛酸循环、伍德－沃克曼反应（二氧化碳的固定反应）等，其合成的理想途径如下：

谷氨酸产生菌糖代谢的一个重要特征是α－酮戊二酸氧化能力微弱，尤其在生物素缺乏条件下，三羧酸循环到达α－酮戊二酸代谢时即受阻，在铵离子存在下，α－酮戊二酸由谷氨酸脱氢酶催化，经还原氨基化反应生成谷氨酸。由于产生菌为生物素缺陷型，其细胞膜的通透过细腻膜分泌于发酵培养基内。

三、材料与设备

1. 材料

水解糖液（葡萄糖含量约30%）、甘蔗糖蜜、玉米浆、谷氨酸生产菌$BL-115$。

2. 设备

摇床、显微镜、华勃氏呼吸器、分光光度计、灭菌锅、发酵罐。

四、实训步骤

1. 一级种子培养基的制备

按下列培养基配方配制 1000mL 一级种子培养基（pH7.0），20% 装液量分装后，于 121℃ 灭菌 30min 冷却备用。

葡萄糖	2.5%	磷酸氢二钾	0.1%
尿素	0.5%	硫酸亚铁	20mg/kg
玉米浆	2.5%~3.5%	硫酸锰	20mg/kg
硫酸镁	0.04%		

2. 一级种子培养

将斜面菌种接入已灭菌冷却的种子培养基中（250mL 三角瓶内接入 1~2 环）于（32℃±1）℃、250r/min 条件下培养 12h。一级种子质量要求：种龄：12h、pH（6.4±0.1）；光密度值（OD）：净增 OD 值 0.5 以上；无菌检查：阴性噬菌体检查：无。

3. 二级种子培养基配制

按下列培养基配方配制 1000mL 二级种子培养基（pH 6.8~7.0），并按 20% 装液量分装于三角瓶中后，调节 pH 6.8~7.0，于 121℃ 灭菌 30min 冷却备用。

水解糖	2.5%	尿素	0.4%
玉米浆	2.5%~3.5%	硫酸亚铁	2mg/kg
磷酸氢二钾	0.15%	硫酸锰	2mg/kg
硫酸镁	0.04		

4. 二级种子培养

在已灭菌的二级种子培养基中，按 0.5%~1.0% 接入上述已培养好的一级种子，于（32℃±1）℃、250r/min 条件下培养 7~8h，二级种子质量要求：

种龄：7~8h；

pH：6.8~7.2；

无菌检查：阴性；

噬菌体检测：无；

光密度：OD 值净增 0.5 左右；

残糖消耗：1% 左右；

镜检：生长旺盛，排列整齐，革兰阳性。

5. 发酵培养基配制

按下列培养基配方制发酵培养基，并按 20% 装液量分装于 250mL 三角瓶中。

用氢氧化钠（5%）溶液调pH 7.20，于110℃灭菌20min冷却备用。

水解糖10%	2.5%	磷酸氢二钠	0.17%
甘蔗糖蜜	0.18%~0.22%	氯化钾	0.12%
玉米浆	0.1%~0.15%	硫酸镁	0.04%

6. 发酵

按8%~10%的接种量在发酵培养基中接入合格的二级种子，于（35±1）℃、250r/min条件下发酵35h。

发酵过程中：a. 从第4小时后开始用无菌注射器补入尿素，尿素流加按pH进行控制即8h前pH 7.0~7.6；8h后pH7.2~7.3；20~24h，pH 7.0~7.1；24~35h，pH6.5~6.6。尿素流加总量为4%。b. 从第10小时开始每隔4h补糖一次，每次补入1%的水解糖液，在发酵26h前补入4%的水解糖液。

7. 镜检及谷氨酸测定

在8h及24h时分别各取样一次进行镜检，经单染后观察菌体形态，发酵结束后，用华勃呼吸器测定发酵液中谷氨酸含量。

五、实训结果

1. 测定发酵过程中还原糖的含量及变化情况，并绘制还原糖变化情况表。
2. 观察发酵过程中菌体的形态的变化，并绘制图形。
3. 发酵结束后，测定样品中谷氨酸的含量（按照华勃呼吸法测定谷氨酸含量）。

六、思考题

1. 简述谷氨酸生产的菌种有哪些，各自的特点是什么？
2. 简述谷氨酸生产的原料种类及特点。
3. 发酵过程中，影响谷氨酸发酵的因素有哪些？

附：华勃呼吸法测定谷氨酸含量

一、原理

利用谷氨酸脱羧酶在一定温度、体积下与谷氨酸反应，使谷氨酸脱羧放出二氧化碳，以华勃呼吸仪测定放出二氧化碳的压力、体积，并以一定的公式换算谷氨酸的含量。

$$COOH-CH_2-CHNH_2-COOH \xrightarrow{谷氨酸脱羧酶} COOH-CH_2-CH_2-CH_2NH_2 + CO_2 \uparrow$$

二、操作方法

称取样品10g（精确至0.001g），加50mL水，加热并用1mol/L的NaOH溶液使其全部溶解，冷却至室温后定容至100mL为样液。吸1mL样液于反应瓶主室，吸0.5mL缓冲液、1mL谷氨酸脱羧酶于反应瓶副室。放进华勃呼吸仪中，保持水浴温度37℃，30min后记录读数，并把副室的脱羧酶压进主室中，使样液和脱羧酶充分反应，30min后再次记录读数。用相同的方法做空白实训。

测样前先用分析纯谷氨酸样品标定华勃呼吸仪。

三、计算

$$X = \frac{[(V_1 - V_2) - (V_3 - V_4)] \times k \times n}{m} \times 100$$

式中　X——样品中谷氨酸含量，%

　　　V_1——样品反应后华勃呼吸仪读数，mm

　　　V_2——样品反应前华勃呼吸仪读数，mm

　　　V_3——空白反应后华勃呼吸仪读数，mm

　　　V_4——空白反应前华勃呼吸仪读数，mm

　　　k——华勃呼吸仪读数，g/mm

　　　m——样品质量，g

　　　n——稀释倍数

项目八 果蔬制品加工实训

实训一 复合果蔬汁饮料加工

一、实训目的

1. 理解果汁、蔬菜汁的制备，果蔬汁饮料的配方设计、加工工艺及产品质量检验。
2. 自行设计研制一种复合果蔬汁饮料，如复合胡萝卜苹果汁饮料等。
3. 通过本实训及所学知识，能独立设计一条复合果蔬汁饮料生产线。

二、实训原理

果蔬汁饮料是以水果、蔬菜或其浓缩原浆为原料，经过预处理、榨汁、调配、杀菌、无菌罐装或热灌装而成的一种可直接饮用的果蔬汁饮料。

三、材料与设备

1. 材料

苹果、胡萝卜、白砂糖、柠檬酸、抗坏血酸、柠檬酸钠、山梨酸钾、食用色素、食用香精、饮料瓶、瓶盖等。

2. 设备

果蔬榨汁机、手持糖量计、pH 计、温度计、轧盖机、电子天平、搅拌器、高剪切混合乳化机、高压均质机、微波炉、恒温水浴锅、不锈钢锅等。

四、实训步骤

1. 苹果原汁的制备

（1）工艺流程

原料→选果→洗净→破碎→榨汁→筛滤→加热灭酶→脱气→均质→杀菌→冷却→备用

（2）操作要点

①选果：选择成熟晚，适于取汁的品种为原料，剔除病虫害及腐败果。
②洗净：水洗后去皮去核。
③破碎、榨汁、筛滤：采用抗坏血酸护色或热烫护色后进行破碎榨汁。
④加热灭酶：微波炉加热钝化酶活。

2. 胡萝卜原汁的制备

（1）工艺流程

原料选择→洗净去皮→修整切块→打浆榨汁→过滤→脱气→均质→杀菌→冷却→备用

（2）操作要点

①原料选择：选择新鲜、成熟度适当、无木质化芯、无病虫害、无采收铲伤的胡萝卜，不宜用储存时间长、有糖芯、霉烂的胡萝卜。

②洗净、去皮、修整、切块：用水冲洗，洗净原料表面泥土、杂物和微生物；再用3%～4%氢氧化钠，于90～95℃浸泡1～2min，使原料去皮；然后用清水冲漂干净。人工修整切除青头和损伤部分，机械切成边长3～5mm小块。

③预煮、打浆、榨汁：原料小块加水预煮，温度95～100℃，时间2～3min，使组织软化，并钝化酶活力。然后进入打浆机中进行破碎，通过打浆器与胡萝卜的撞击将胡萝卜打成果肉浆，通过筛孔渗出浆汁，经过滤布过滤得到胡萝卜汁。

④脱气：由于是用打浆机取汁，混入空气较多，应采用真空脱气除氧。

3. 复合果蔬汁饮料的加工

（1）工艺流程

原料预处理→配料计算→称量→调配→加水定位→冷均质→热灌装→封盖→后杀菌→冷却

（2）操作要点

①原料预处理：白砂糖糖浆的制备（65°Bé）：加水时一定不要超过量；刚开始煮开时注意火候及搅拌；用微火煮沸5min，趁热过滤，取样冷却后用手持糖量计测糖度；10%山梨酸钾溶液；50%柠檬酸溶液、10%柠檬酸钠溶液；1%日落黄溶液、1%胭脂红溶液、0.5%柠檬黄溶液。

②调配：边搅拌边逐个加入混匀，具体配料顺序为：原糖浆→防腐剂→酸→果蔬汁→色素→香精。

③冷均质：高压均质机或高剪切乳化机。

④热灌装：93℃。

⑤后杀菌：沸水5min。

五、实训结果

1. 感官评价对产品进行感官指标评价，见表8-1。

表 8-1　　　　　　　　复合果蔬汁饮料感官评价表

评价指标	感官要求	得分
色泽（20）	色泽明亮，橙红均匀，接近新鲜果蔬颜色	
风味（20）	有明显的苹果滋味和胡萝卜味，清凉感香气协调柔和	
口感（20）	有明显的苹果和少许的胡萝卜滋味，有少许煮熟味，口感协调	
质地（15）	细腻，流动性好，浑浊均匀，不分层，无沉淀，无气泡和杂质	
杂质（5）	无肉眼可见的外来杂质	

2. 理论指标

（1）可溶性固形物的测定　阿贝折光仪法。

（2）酸度测定　氢氧化钠滴定法。

（3）维生素 C 的测定　2,6-二氯靛酚滴定法。

六、思考题

1. 果蔬汁饮料的概念是什么？

2. 鲜果汁、纯果汁、浓缩果汁、果汁饮料有什么区别？

实训二　果蔬固体饮料加工

一、实训目的

1. 理解固体饮料的加工过程，掌握各步骤操作要点。

2. 自行设计研制一种果蔬固体饮料，如复合苹果胡萝卜固体饮料。

二、实训原理

果蔬汁固体饮料是以糖、果蔬汁、营养强化剂、食用香料、着色剂等为主要原料经过合料、造粒、干燥、筛分而制成的一种含水量在 5% 以内的固体饮料。

三、材料与设备

1. 材料

白砂糖、柠檬酸、抗坏血酸、柠檬酸钠、浓缩果汁、麦芽糊精、CMC、日落黄、胭脂红、香精。

2. 设备

电子天平、水分测定仪、手持糖量计、pH 计、温度计、粉碎机、搅拌器、循环水多用真空泵、旋转蒸发仪、恒温干燥箱、造粒机、白瓷盘。

四、实训步骤

1. 配方（以 g 计）

浓缩果蔬汁	5	抗坏血酸	0.2
白砂糖粉	80	柠檬酸钠	0.5
麦芽糊精	15	日落黄	0.005
CMC	1	胭脂红	0.001
柠檬酸	1.1		

2. 工艺流程

合料 → 造粒 → 干燥 → 筛分 → 包装 → 成品

3. 操作要点

（1）果汁浓缩　采用超滤或旋转蒸发仪真空加热浓缩果蔬原汁至其固形物达 60% 左右。

（2）合料　白砂糖粉、麦芽糊精、CMC 干混，柠檬酸、抗坏血酸、柠檬酸钠、日落黄、胭脂红配成混合溶液，将混合溶液滴加至干混料中，边加边搅拌均匀。

（3）造粒　用造粒机造粒成圆柱形颗粒。

（4）干燥　将造好粒的湿粒平铺于烘盘中，厚度在 2cm 以内，烘干温度 65~75℃，时间 2~3h。

（5）筛分　最后过 6~8 目筛进行筛分。

（6）包装　摊晾至室温后在经过紫外杀菌的房间内进行包装，否则产品易回潮，影响货架期。

五、实训结果

测定果蔬固体饮料中的水分含量。要求水分含量 ≤5%，测定方法按照 GB 5009.3—2016《食品安全国家标准　食品中水分的测定》进行。

六、思考题

1. 固体饮料的概念是什么？
2. 固体饮料有哪几种分类？
3. 固体饮料常用的食品添加剂的种类及作用是什么？

实训三　果蔬含片加工

一、实训目的

1. 理解果蔬含片的加工过程，掌握各步骤操作要点。

2. 自行设计研制一种果蔬含片，如复合苹果胡萝卜含片。
3. 通过本实训及所学知识能独立设计一条果蔬含片生产线。

二、实训原理

果蔬含片是以果蔬汁、糖、柠檬酸、食用香精等原料经合料、造粒、烘干、整粒、冲片等工艺加工而成。

三、材料与设备

1. 材料

白砂糖、柠檬酸、抗坏血酸、柠檬酸钠、浓缩果汁、麦芽糊精、硬脂酸镁、日落黄、胭脂红、香精。

2. 设备

电子天平、水分测定仪、手持糖量计、pH 计、温度计、粉碎机、搅拌器、循环水多用真空泵、旋转蒸发仪、恒温干燥箱、不锈钢桶、恒温恒湿箱、造粒机、压片机、封口机、白瓷盘。

四、实训步骤

1. 配方（以 g 计）

浓缩果蔬汁	5	抗坏血酸	0.2
白砂糖粉	80	柠檬酸钠	0.5
麦芽糊精	15	日落黄	适量
柠檬酸	1.1	胭脂红	适量

2. 工艺流程

合料→造粒→烘干→整粒→加香→加润滑剂→冲片→包装→贮存→成品

3. 操作要点

（1）造粒　用造粒机18目筛造粒成圆柱形颗粒。

（2）烘干　将造好粒的湿粒平铺于烘盘中，厚度在 2~3cm，烘干温度 80~90℃，时间 20~30min。

（3）整粒　用摇摆式造粒机，20目筛网粉碎整粒，使其粒度均匀，利于冲片。

（4）加香　由于加入香精量极少，为了防止赋香不均匀，可以将香精与少量整粒后的细粉预混合，再加入大料中。将混合料放入恒温恒湿箱（温度60℃，相对湿度≤60%）中 10~20min，进行混料的熟化。

（5）加润滑剂　加混料1%的硬脂酸镁，混合均匀。

（6）冲片　把混料加入冲片机料斗中，进行冲片，防止黏冲、裂片、无法成片等问题。

(7) 包装　在经过紫外杀菌的房间内进行抽真空包装。

(8) 贮存　温度≤30℃，相对湿度≤80%，以免产品吸潮，影响货架期。

五、实训结果

1. 感官检验

(1) 形状　双凸圆形。

(2) 外观　外表光滑，色泽鲜亮，无肉眼可见斑点，无裂片，无碎屑，无杂质。

(3) 口味　酸甜可口，无异味。

2. 理化检验

水分≤5%。

3. 微生物检验

细菌总数≤1000 个/g；大肠菌群≤30 个/100g。

六、思考题

1. 果蔬含片的概念是什么？
2. 简述果蔬含片加工工艺流程。

实训四　果蔬脆片加工

一、实训目的

1. 理解果蔬脆片的加工过程，掌握各步骤操作要点。
2. 自行设计研制果蔬脆片，如苹果、胡萝卜、土豆脆片等。
3. 通过本实训及所学知识能独立设计一条果蔬脆片生产线。

二、实训原理

果蔬脆皮是利用真空低温技术加工而成的脱水食品，在加工过程中，先把果蔬切成一定厚度的薄片，然后在真空低温条件下将其油炸脱水而成，产生一种酥脆性的片状食品。

三、材料与设备

1. 材料

苹果、胡萝卜、土豆、食盐、白砂糖、色拉油、棕榈油。

2. 设备

电子天平、水分测定仪、手持糖量计、pH 计、温度计、恒温干燥箱、恒温恒湿箱、油炸锅。

四、实训步骤

1. 油炸果蔬脆片的加工

以苹果、胡萝卜、马铃薯等为原料生产果蔬脆片，参考加工工艺如下，研究不同的去皮方法、热烫与不热烫、切片厚度、护色条件、油炸条件对产品质量的影响。

原料→ 选择洗涤 → 去皮修整 → 切片 （1.5~2mm）→ 护色

（2%~3% 稀盐水、0.1%~0.3%抗坏血酸）→ 滤干 → 热烫 → 油炸

（190~200℃/10~60s）→ 离心脱油 → 冷却 → 上调味料

去皮：机械去皮，磨擦作用；化学去皮，10%氢氧化钠/90℃/2min，去皮后彻底漂洗，必要时用0.1%~0.3%盐酸中和；热力去皮：高压蒸汽或沸水；手工去皮。

2. 非油炸果蔬脆片的加工

以苹果、胡萝卜、马铃薯等为原料生产果蔬脆片，参考加工工艺如下，研究切片厚度、护色条件、预干燥条件、微波条件对产品质量的影响。

原料→ 选择洗涤 → 去皮修整 → 切片 （1~5mm）→ 护色

（2%~3%稀盐水、0.1%~0.3%抗坏血酸）→ 滤干 → 烘箱预干燥 （80~90℃/3~6h）→

调质处理 → 微波膨化 → 冷却 → 上调味料

五、感官评价

1. 感官评价从色泽、滋味和口感、形状和杂质4个方面对成品进行感官评价，见表8-2。

表8-2　　　　　　　果蔬脆片感官评价表

评价指标	感官要求	得分
色泽（20）	具有与各种水果、蔬菜脆片对应原料相应的色泽	
滋味与气味（30）	具有该品种应有的滋味和香气，口感酥脆、无异味	
形态（30）	块状、片状、条状或该品种应用的整形状。形态基本完好。同一品种的产品厚薄基本均匀，无碎屑	
杂质（20）	无肉眼可见的外来杂质	

2. 理化指标测定对果蔬脆片的水分含量和酸价进行测定。

水分≤5%；酸值（以脂肪计）≤5.0 KOH mg/g。

六、思考题

1. 苹果、土豆去皮或切片后在空气中褐变的主要原因是什么？如何护色？
2. 与油炸相比，非油炸工艺的优缺点是什么？
3. 油炸果蔬脆片时为什么选择还原糖含量低的原料？

实训五　蜜饯制品加工

一、实训目的

1. 了解蜜饯加工特点、产品质量指标。
2. 掌握其工艺流程及操作要点。

二、实训原理

蜜饯制品属于糖制品。糖制品是以食糖的保藏作用为基础的加工保藏法。糖溶液都有一定的渗透压，而且浓度越高渗透压越大。糖制品一般含有60%～70%的糖，产生的渗透压远远超过微生物的渗透压，使得微生物细胞水分外流而缺水，出现生理干燥，失水严重时出现质壁分离，抑制了微生物的生长。另外，高浓度的糖液使水分活度大大降低，可被微生物利用的水分大为减少。此外，由于氧在糖液中的溶解度降低，也使微生物的活动受阻。

三、材料与设备

1. 材料

胡萝卜、白砂糖、0.2%～0.3%的亚硫酸与0.1%的氯化钙混合液、柠檬酸。

2. 设备

电子秤、夹层锅、干燥箱、糖度计。

四、实训步骤

1. 工艺流程

原料选择→清洗→去皮→切分→护色硬化→预煮→调酸→糖煮→糖渍→干燥→修整→成品

2. 操作要点

（1）原料选择　选用无机械伤、无腐烂、质地脆嫩的胡萝卜。

（2）清洗、去皮、切分　在清水中洗净，然后用小刀削去表皮，切断，对轴切开。

（3）护色硬化　配制浓度为0.2%～0.3%的亚硫酸与0.1%的氯化钙混合液，将胡萝卜片在混合液中浸泡8～12h，取出在清水中漂洗，去净残液，沥去水分。

（4）预煮　加入胡萝卜重为 1/2 水重，煮 5～20min，直至胡萝卜透明为止。以钝化酶的活力，减少果肉气体，利于渗糖。

（5）调酸　加入柠檬酸调 pH 约为 2.5，利于蔗糖转化。

（6）糖煮　采用分次加糖一次煮成法。用白砂糖约 1kg，分 3～4 次加入，前 3 次约每隔 10min 加一次，最后 1 次约隔 30min，加完糖后继续煮 30min，全部煮制时间约 1.5h。

（7）糖渍　将胡萝卜与糖液一起倒入缸内浸渍 2d 左右，利于糖分充分渗入。

（8）干燥　取出胡萝卜，沥去糖液，在干燥箱中 60～70℃烘干，时间 18～24h，待制品表面不粘手，含水量约 20%左右取出。

（9）修整、成品　对形状不规则者进行修整，剔除不合格品即得成品。

五、实训结果

从色泽、组织形态、滋味与气味和杂质 4 方面对胡萝卜蜜饯制品进行感官评价，见表 8-3。

表 8-3　　　　　蜜饯制品感官评价表

评价指标	感官要求	得分
色泽（20）	具有该品种所应有的色泽，色泽基本一致	
滋味与气味（30）	具有该品种应有的滋味和香气，酸甜适口、无异味	
组织形态（30）	糖分渗透均匀，无返砂，不流糖	
杂质（20）	无肉眼可见的外来杂质	

六、思考题

1. 果脯加工中有哪些显著影响产品质量的问题？其原因是什么？应如何进行控制？
2. 简述采用分次加糖一次煮成法进行糖煮的优缺点。
3. 将原料进行硬化处理的目的是什么？

实训六　果酱制品加工

一、实训目的

1. 了解果酱制品加工的特点和产品质量指标。
2. 掌握果酱制品加工的工艺流程和操作要点。

二、实训原理

果酱制品由果蔬的汁、肉加糖煮制浓缩、装罐密封、杀菌冷却而制成,形态呈黏糊状、冻体或胶态,属于高糖高酸类食品,产品主要有果酱、果泥、果糕、果冻及果丹皮等。凝胶形成的基本条件是含一定比例的糖酸及果胶,才能形成凝胶,具体为果胶1%~1.5%,酸pH 3.46左右,糖60%~65%。一般认为形成良好的果胶凝胶所需果胶为0.6%~1%,pH 2.8~3.3,糖65%~70%。

果酱类制品也以高浓度食糖的保藏作用为基础,利用高浓度糖液产生较高的渗透压,使微生物不易在制品中生长发育,从而避免了产品的败坏,达到保存的目的。

三、材料与设备

1. 材料

苹果、山楂、草莓、白砂糖、淀粉糖浆、柠檬酸、果胶。

2. 设备

夹层锅、打浆机、玻璃瓶、灭菌锅、削果刀、盆、夹层锅、灭菌锅、大勺、容器、台秤。

四、实训步骤

(一) 苹果酱加工

1. 配方(以g计)

苹果	2000	果胶	5
白砂糖	200	水	600
柠檬酸	5		

2. 工艺流程

原料选择→原料处理→预煮→打浆→加糖浓缩→调酸、调色→装瓶→杀菌→冷却→成品

3. 操作要点

(1) 原料选择 挑选新鲜、充分成熟,含果胶量多,肉质致密,无病虫害,无腐烂的果实。

(2) 原料处理 包括洗涤、去皮、去芯、切块等处理。

(3) 预煮 将处理后的果肉置于夹层锅内,加入果重10%~20%的清水,加热煮沸,保持微沸状态10~20min。

预煮工序直接影响到成品的胶凝程度,若预煮不足,果肉组织中溶出的果胶较少,虽加糖熬煮,成品也欠柔软,并有不透明的硬块影响制品风味和外观;若

预煮过度,则果肉组织中果胶大量水解,影响胶凝能力。

(4) 打浆　将预煮后的果块趁热进行打浆。

(5) 加糖浓缩　苹果浆与白砂糖按1∶1的比例配料。先将白砂糖配成75%的糖液并过滤,然后将糖液与苹果浆混合入锅(为防止返砂,白砂糖用量的20%可用淀粉糖浆代替)。

常压浓缩至果酱的可溶性固形物含量达65%以上,或用木棒挑起少量果酱,向下流成片状时,或果酱中心温度达105~106℃时即可出锅,全部浓缩时间为30~50min。

(6) 调酸、调色　若果酱色泽、酸度不够,可在临出锅前加天然色素、柠檬酸进行调整。

(7) 装瓶　趁热装瓶,温度保持在85℃以上。装瓶后应立即封口,并检查封口是否严密,瓶口若黏附有苹果酱,应用干净的布擦干净。

(8) 杀菌　454g(净重)玻璃瓶杀菌方式为(5→20) min/100℃。

(9) 冷却　分三段冷却至30℃。

(二) 山楂果酱加工

1. 配方(以g计)

| 山楂 | 2000 | 果胶 | 10 |
| 白砂糖粉 | 3000 | 水 | 1000 |

2. 工艺流程

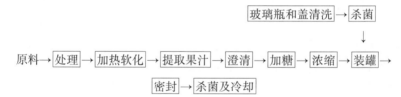

3. 操作要点

(1) 原料　要求原料肉质坚实、无腐烂,用于加工的品种主要有大山楂和小山楂等。

(2) 原料处理　将山楂果实漂洗干净,去除果柄及花萼,并切成2~4瓣。

(3) 加热软化　将果倒入锅内,加入与果等量的热水,温度维持在85~90℃,保持1h,并不断进行搅拌,使果实中的糖、酸、果胶、维生素C、色素等成分充分溶解出来。

(4) 提取果汁　将浸泡液过滤,剩下果渣,再加与原料等量的水,进行第二次提取。将第二次提取的果汁与第一次的果汁混合配用。

另一提取果汁方法　将果压破(或不压破),加相当于果重1.6~1.8倍的水,煮沸并维持沸腾状态10min。将果实连同汁液浸泡12~24h,再用布将汁液滤出(果渣可加1/3的新鲜山楂制成果酱)。

（5）加糖浓缩　将果汁称量后，放入锅中，加热至沸腾，温度升高至101℃左右（或浓缩至原果汁的3/5）。加白砂糖，加糖量为原果汁量的40%～60%。继续浓缩，使糖、酸和果胶充分混合成果酱，煮制时，用柠檬酸调pH为3.0，煮制的时间应尽量缩短，以防丧失风味、影响色泽和引起果胶水解而不凝胶。果酱终点温度达105～106℃，酱体可溶性固形物含量达到60%～65%时，用小勺取出少许，表面开始结成皮状即可出锅。

（6）装罐密封　趁热装罐，排气密封（玻璃瓶要经过消毒）。

（7）杀菌、冷却　90℃蒸汽灭菌15～20min，再用冷水急速冷却（分段冷却）。

（三）草莓酱加工

1. 配方（以g计）

草莓	2000	果胶	10
白砂糖粉	2000	水	500

2. 工艺流程

```
                           玻璃瓶、盖洗涤 → 杀菌
                                           ↓
原料选择 → 洗涤 → 去蒂把萼叶 → 配料 → 加热及浓缩 → 装罐、密封 → 杀菌、冷却 → 成品
```

3. 操作要点

（1）原料选择　新鲜良好，成熟适度，八九成熟，皮红色部分占果实表面70%以上，无霉烂、病虫害、僵果及死果，宜采用含果胶量与含酸量多、芳香浓郁的品种。目前我国用的为鸡心和鸭嘴等。

（2）原料处理　将选好的草莓倒入流动水中，浸泡3～5min后，小量分装于有孔筐中，在流动水中或在通入压缩空气的水槽中淘洗干净，拧去蒂把，除净萼片。

（3）煮制　由于草莓较软，煮后易烂，所以不可打碎。为保持酱体均匀，也可用绞碎机绞碎。100kg处理草莓，加白砂糖115kg，柠檬酸0.3kg，按配方将草莓入锅，加入1/2糖液适当搅拌，加热充分软化。加入另一部分糖，加柠檬酸，调pH 3～3.3，浓缩至可溶性固形物含量达66.5%～67%出锅。

也可用真空浓缩。

（4）装罐、密封　趁热装罐，密封时酱体温度不低于85℃，放正罐，拧紧。每锅酱要求在20min装完，严禁果实与铁、铜等金属接触。

（5）杀菌、冷却　封罐后投入100℃沸水中杀菌5～15min，然后冷却至35～40℃。也可进行蒸汽杀菌。

（6）玻璃罐洗涤、灭菌　玻璃罐洗涤用碱液浸泡后，清洗干净，灭菌，待用。玻璃瓶盖用水洗净后放入锅中煮，在沸水中保持5min以上，待用。

五、实训结果

从色泽、组织形态、杂质等方面对苹果酱、山楂果冻和草莓酱进行感官评价，见表8-4。

表8-4　　　　　　　　　　果酱感官评价表

评价指标	感官要求	得分
色泽（20）	具有该品种所应有的色泽，色泽基本一致	
滋味与气味（30）	具有该品种应有的滋味和香气，口味纯正，酸甜适中、无异味	
组织形态（30）	均匀，无明显分层和析水，无结晶，酱体呈胶黏状	
杂质（20）	无肉眼可见的外来杂质，无霉变	

六、思考题

1. 果酱类生产中常见的质量问题有哪些？其原因是什么？应如何进行控制？
2. 简述果酱三段冷却的意义。
3. 试述预煮工序对成品质量的影响。

实训七　腌渍制品加工

一、实训目的

1. 了解腌渍制品加工的特点和产品质量指标。
2. 掌握腌渍制品加工的工艺流程及操作要点。

二、实训原理

泡菜是蔬菜腌渍的一种，腌渍过程中食盐的高渗透作用使蔬菜体积减小、质地紧密，并且对微生物细胞有脱水作用，使微生物生理干燥而不能活动；微生物的乳酸发酵、酒精发酵和醋酸发酵作用，产生乳酸、酒精、醋酸等物质，抑制了微生物生长并可改善风味品质；蛋白质分解生成氨基酸，使制品产生一定的色泽、香气、风味。这些共同起作用可达到保藏制品并产生特殊风味的目的。

三、材料与设备

1. 材料

甘蓝、萝卜、胡萝卜、嫩黄瓜、嫩姜、大蒜、红辣椒、菜用马铃薯等新鲜蔬菜。要求新鲜蔬菜的组织紧密，质地脆嫩，肉质肥厚。

配料为食盐、白酒、黄酒、红糖或白糖、草果、八角、茴香、花椒、木姜子等。

2. 设备

泡菜坛子、烧杯、量筒、搅拌勺、不锈钢刀、不锈钢锅、水浴杀菌锅、塑料封口机、台秤、经消毒的小布袋（用于包裹香料）等。

四、实训步骤

（一）四川泡菜加工

1. 配方（以水的重量计）

食盐	7%~8%	黄酒	2%
白酒	2%	新鲜或干红辣椒	3%
红糖或白糖	2%	草果	0.05%
八角茴香	0.01%	花椒	0.05%
胡椒	0.08%		

干红辣椒、草果、八角、花椒等可先磨成细粉，然后用经消毒的白布包裹后，入坛一起泡制。

如果采用硬度较小的自来水进行泡水的配制时，为保证泡菜成品的脆性，可酌加少量的 $CaCl_2$ 等钙盐，使水的硬度达到 9~11mmol/L 后，再进行配料。

2. 工艺流程

配制泡水 → 入坛泡制 → 泡坛管理 → 出坛 → 装袋 → 杀菌 → 冷却 → 成品
　　　　　　　↑
　　　　新鲜蔬菜预处理

3. 操作要点

（1）新鲜蔬菜的预处理　新鲜蔬菜经过充分洗涤、去皮或不去皮、切分等整理，剔除不宜食用的部分。

（2）入坛泡制　泡菜坛子使用前必需清洗、消毒，沥干水分后才可用；将整理好的蔬菜装至半坛时，放入香料包，再装蔬菜至距坛口约6cm时为止，并用经消毒的竹片或其他材料将蔬菜等原料卡压住，以免原料浮于泡水之上。然后注入所配制的泡水至将淹没蔬菜为度，加上盖子，在坛口水槽中注入16%~20%的盐水，置于常温下发酵。

（3）泡坛管理

①泡制 1~2d 后，由于食盐的渗透作用，泡制品的体积会缩小，泡水水位会下落，应及时添加原料和泡水，保持物料距离泡坛口约3cm。

②必须经常检查泡坛水槽中的水量，保持水槽中的盐水呈水满状态。

③泡制终点的确定对泡菜的口感质地有重要影响。泡制终点的确定随所泡制的蔬菜的种类和品种以及发酵室温不同而异，通常蔬菜在新配制的泡水中，夏季

5~7d、秋冬季12~16d即为泡制终点，可取出食用。叶菜类比根菜及茎菜类的泡制时间相对长一些。

（4）出坛　泡制达到终点后，需及时取出泡菜，以免过度发酵影响产品的风味和脆度。

（5）装袋、密封　取出的泡菜置于经消毒不锈钢锅中，定量装入塑料食品袋，然后热封口。

（6）杀菌、冷却　将泡菜小袋放入95~100℃水浴中灭菌15~20min，然后取出投入冷水冷却至常温，将泡菜小袋置于自然或人工通风环境中，除去袋表的水分，入包装盒，即为成品。

4. 注意事项

（1）白酒最好用高粱酒，无高粱酒也可用其他粮食酒。

（2）菜料可以根据个人爱好选择，不喜欢的可以不用，把用量加到其余菜料上。

（3）整个操作过程要注意干净卫生，尽量做到不要让生水进入。

（二）番茄泡菜加工

1. 配方（以g计）

青番茄	3000	醋	230
洋葱	750	咖喱粉	5
白砂糖	225	食盐	200

2. 工艺流程

原料选择→原料处理→腌制→调味→发酵→成品

3. 操作要点

（1）原料选择　挑选新鲜、肉质致密、无病虫害、无腐烂的青番茄、洋葱。

（2）原料处理　将青番茄去蒂、洗净、沥干，纵向切成圆片状；洋葱洗净、沥干，纵向切成圆片状。

（3）腌制　分别把青番茄、洋葱片盛在洁净盆内，各加150g食盐和40g食盐拌匀，腌制一夜，第二天将它们改刀切成长方形，混合装入玻璃瓶内。

（4）调味　将白糖加入食用醋内，全部溶解后加入咖喱粉，搅拌均匀后全部倒入玻璃罐内。

（5）发酵　发酵1~2周，即为成品。

4. 注意事项

（1）醋渍后2~3h就可食用，但不如发酵7~10d后食用味道好。

（2）若想长时间保存，可将菜装入玻璃瓶后，进行杀菌，可较长时间保存。

五、实训结果

从色泽、滋味与气味、体态、质地4个方面对成品进行感官评价，见表8-5。

表8-5 泡菜感官评价表

评价指标	感官要求	得分
色泽（20）	呈泡制蔬菜应有的色泽，有光泽	
滋味与气味（30）	具泡菜特有香气及所加香料的香气，口味纯正，酸咸适中、无异味	
体态（30）	具有产品应有的规格，大小基本一致，切片厚度均匀，无杂质，卤汁无浑浊	
质地（20）	具有产品特有的脆、嫩质地	

六、思考题

1. 简述泡菜在腌制过程中的脆性变化。
2. 泡菜在腌制过程中常见的败坏及控制途径是什么？
3. 如何防止泡菜在泡制过程中发生腐烂变质？

实训八　罐头制品加工

一、实训目的

1. 了解罐头制品加工的特点和产品质量指标。
2. 掌握罐头制品加工的工艺流程及操作要点。

二、实训原理

罐头制品应用热力杀菌进行保藏。果蔬经过加热、排气、密封杀菌，存贮于不受外界微生物污染的密闭容器中，可以不再引起败坏，从而达到保存的目的。在加工过程中，加热使果蔬自身所含的酶受到破坏，失去活力，从而保持原有的风味和品质；排气可使罐头内保持半真空状态，防止发生氧化作用，防止好气性细菌在罐头内生长，从而保持品质、风味、营养和色泽；密封可阻止外界微生物的侵入，防止再感染；杀菌可杀灭一切引起罐头食品败坏的有害微生物。

三、材料与设备

1. 材料

橘子、盐酸、氢氧化钠、柠檬酸、白砂糖。

2. 设备

夹层锅、玻璃瓶。

四、实训步骤

1. 工艺流程

原料选择 → 原料处理 → 热烫 → 剥皮 → 分瓣 → 浸酸 → 浸碱 → 漂洗 → 装罐 → 排气、封罐 → 杀菌、冷却 → 成品

2. 操作要点

（1）原料选择　选择易剥皮、分瓣、去络，组织紧密，无籽或少籽，风味适口，色泽鲜艳，硬度较高，甜度适宜的品种，如温州蜜橘、四川红橘等。

（2）处理　按果实大小、色泽、成熟度分级，清水清洗。

（3）热烫　95~100℃热水中烫1min左右。

（4）剥皮、分瓣　趁热剥去橘皮，分瓣、去橘络，按瓣大小分放。

（5）浸酸　全去囊衣，盐酸0.2%~0.3%，30~35℃浸泡20~50min；半去囊衣，盐酸0.05%~0.1%，30~35℃浸泡15~30min。浸酸后沥去酸液，清水漂洗。

（6）浸碱　氢氧化钠浓度为0.2%~0.8%，28~50℃浸泡3~15min。浸碱后即用清水冲洗至橘片不滑为止，并用1%柠檬酸液中和，可改进风味。

（7）漂洗、装罐　漂洗后沥干水分，正确称量后装入消毒后的罐内（橘肉重不低于净重的55%），注入糖水（浓度25%~35%，温度80℃以上），顶隙6mm左右。

（8）排气、封罐　注入糖液后，盖上瓶盖，放在90℃的热水中排气15min，热水以淹没罐身的2/3为宜。排气后立即封罐（真空封罐机不需排气可直接封罐，真空度为40~60kPa）。

（9）杀菌、冷却　封罐后，在100℃沸水中煮10min，然后分段冷却至35℃，保温1周，剔除胖罐、漏罐后，即为成品。

五、实训结果

1. 感官评价

从外观、滋味与气味、组织形态、杂质4方面对产品进行感官评价，见表8-6。

表8-6　　　　　　　　罐头感官评价表

评价指标	感官要求	得分
外观（30）	橘肉表面具有原果肉近似之光泽，色泽基本一致，糖水较透明，允许有轻微的白色沉淀及少量橘肉与囊衣碎屑存在	
滋味与气味（20）	具有本品种糖水橘子罐头应有的色泽，酸甜适口，无异味	

续表

评价指标	感官要求	得分
组织形态（40）	全脱囊衣橘片的橘络、种子、囊衣去净，组织软硬适度，橘片形态完整，大小大致均匀，破损率以质量计，不超过固形物的10%；半脱囊衣橘片、橘衣去得适当，食之无硬渣感，剪口整齐，形态饱满完整，大小大致均匀，破损率以质量计，不超过固形物的30%（每片破碎在1/3以上的，按照破碎计）	
杂质（10）	无肉眼可见的杂质	

2. 固形物含量及糖度测定

果肉含量不低于净重的50%；开罐时糖水浓度（按折光计）为12%~16%。

六、思考题

1. 在水果罐头制品生产中，浸酸和浸碱的作用是什么？
2. 在水果罐头制品生产中，加入糖水的目的是什么？

实训九　果蔬的干制复水

一、实训目的

掌握果蔬干制品复水的原理和操作方法。

二、实训原理

1. 干制保藏原理

热力降低水分活度，利于保藏食品。

2. 影响干制品品质的因素

原料化学成分及含量（干物质含量、含糖量、脂肪蛋白质、单宁等）、组织结构、质地（致密、疏松）、干燥温度、干燥速度及切分方式。

3. 影响制品干燥速度的因素

干燥温度、时间、介质状态及接触方式。

4. 影响制品复水性的因素

干燥温度、时间、产品干燥率、产品化学成分及含量、组织结构、切分方式。

5. 影响制品复原性的因素

产品干燥率、产品化学成分及含量、组织结构、切分方式、干燥温度/时间、介质、干燥速度、接触方式等。

6. 烫漂的作用

（1）护色；（2）提高干燥速度；（3）提高复水率且加速复水。

三、材料与设备

1. 材料

胡萝卜、土豆、葱、姜、蒜。

2. 设备

刀具、干燥箱、天平、案板、称量纸。

四、实训步骤

1. 工艺流程

原料选择→清洗→去杂→样品称量→切分→（烫漂）→沥干→干燥→称量→复水→沥干→称量→评价

2. 操作要点

（1）原料处理见表8-7。

表8-7　　　　　　　　　　　原料处理

处理	胡萝卜	土豆	葱	姜	蒜
清洗	用自来水清洗原料，去除不可食部分（皮、根、黄叶、籽等）				
切分	切成约1.0cm×1.0cm的小块	切成约1.0cm×1.0cm的小块	切成约1.0cm长的小段	顺丝线切成直径0.5cm片状	纵切成直径0.5cm片状
热烫	原料分成3份：（1）对照、不热烫；（2）清水热烫（水沸腾后放入）；（3）用0.2%亚硫酸氢钠溶液热烫	原料分成3份：（1）对照、不热烫；（2）清水热烫（水沸腾后放入）；（3）用0.2%亚硫酸氢钠溶液热烫	原料分成3份：（1）对照、不热烫；（2）清水热烫（水沸腾后放入）；（3）用1%食盐溶液热烫	原料分成3份：（1）对照、不热烫；（2）清水热烫（水沸腾后放入）；（3）用1%柠檬酸溶液热烫	原料分成2份：（1）对照、不热烫；（2）清水热烫（水沸腾后放入）；（3）用1%柠檬酸溶液热烫
酶活力检验	用愈创木酚或联苯胺指示溶液+双氧水检查酶的活力，如果有变色，说明酶没有失活，可适当延长热烫时间至再次检验，直至无变色现象，记录热烫时间				

注：取少量样品，检验酶活力，确定热烫时间后，再进行热烫。

热烫结束后捞起原料，立即用自来水冷却，并沥干水分。

（2）干制　将待干燥物料平铺在竹筛上，放入干燥箱内。开始干燥时的温度为65℃，每隔约2h翻动一次物料，并调换竹筛在干燥箱内的上下位置。待物料干燥至呈半干状态时，可将干燥温度降低至60℃。干燥时间根据物料感官状态而定。干燥结束后，取出物料冷却至室温、称量，用保鲜袋装好。

（3）干制品复水　称取一定质量（10~15g）的蔬菜干制品放入1L烧杯中，加入500mL 50℃的热水，在恒温条件下进行复水，每隔0.5~1h称取1次质量，直至质量基本无变化。

五、实训结果

1. 干制品感官检验

观察和描述干制品的色泽、软硬程度、形态变化（如体积收缩程度）等。

2. 干燥比、复水比的计算

根据新鲜原料质量及干制品质量，计算出干燥比；根据复水用干制品质量及复水后质量，计算出复水比。比较不同预处理对干燥比、复水比的影响。

3. 复水曲线的绘制

根据复水期间样品质量变化与时间的关系，绘制出复水曲线。

六、思考题

1. 不同果蔬的干制特性有何差异？
2. 不同预处理对蔬菜干制品品质的影响情况如何？

实训十　果蔬加工中的护色

一、实训目的

掌握果蔬护色的原理和操作方法。

二、实训原理

新鲜绿色蔬菜如果在酸性条件下加工，由于脱镁反应的发生，发色体结构部分变化，绿色消失，变成褐色的脱镁叶绿素。如果在弱碱性条件下热烫，叶绿素的酯结构部分水解生产叶绿酸（盐）、叶绿醇和甲醇，叶绿酸盐为水解性，仍呈鲜绿色，而且比较稳定。

绿色果蔬或某些浅色果蔬，在加工过程中易引起酶促褐变，使产品颜色发暗。为保护果蔬原有色泽，往往先在弱碱性条件下短时间进行热烫处理使酶钝化，从而达到护色的目的。

果蔬加工中，常采用热烫、加化学药品如二氧化硫、焦亚硫酸钠等抑制酶的活力和隔绝氧等方法来防止和抑制酶促褐变。

三、材料与设备

1. 材料

（1）马铃薯、苹果、梨、1.5%的愈疮木酚（或联苯胺）、3%的过氧化氢、1%的邻苯二酚、偏重亚硫酸钾（或其他亚硫酸盐类）、柠檬酸、食盐等。

（2）各种富含叶绿素的蔬菜（如芹菜、莴笋叶、小白菜等），0.5%碳酸氢钠、0.1%盐酸、0.05%醋酸锌。

2. 设备

电炉、铝锅、水果刀、漏勺、搪瓷盘子、烘箱、天平（精确到0.0001g）。

四、实训步骤

（一）酶活力的检验及防止酶褐变

1. 观察酶褐变的色泽

（1）马铃薯人工去皮，切成3mm厚的圆片，取一片在切面滴上2～3滴1.5%的愈疮木酚［或联苯胺］，再滴2～3滴的3%过氧化氢，由于马铃薯中过氧化物酶的存在，愈疮本酚与过氧化氢经酶的作用，脱氧而产生褐色的络合物。

$$H_2O_2 \xrightarrow{\text{过氧化氢酶}} H_2O + [O]$$
$$\text{愈创木酚} + 4[O] \longrightarrow \text{四愈木醌}$$

（2）苹果人工去皮，切成3mm厚的圆片，滴1%的邻苯二酚2～3滴，由于多酚氧化酶的存在，而使原料变成褐色或深褐色的络合物。

多酚氧化酶

$$\text{邻苯二酚} \xrightarrow{\text{多酚氧化酶}} \text{邻苯二醌}$$

2. 防止酶褐变

（1）热烫　高温可以促使氧化酶类丧失活力，因而生产中常常利用热烫防止酶褐变。将3mm厚的马铃薯片投入沸水中，待再次沸腾计时，每隔1min取出一片马铃薯，在切面上分别滴2～3滴1.5%的愈疮木酚和3%的过氧化氢，观察其变色的速度和程度，直到不变色为止，将剩余的马铃薯片投入冷水中及时冷却。

（2）化学试剂处理　一些化学试剂可以降低介质中的pH和减少溶解氧，起到抑制氧化酶类活力的作用，防止或减少变色。将切片的苹果分别取3～5片投入到1%氯化钠、0.2%亚硫酸钠、0.5%一水柠檬酸和0.5%偏重亚硫酸钾中护色20min，取出沥干，观察其色泽。

（3）将去皮后的马铃薯、苹果各取三片静置空气中10min，观察其色泽。

（4）将以上步骤（1）（2）（3）处理的马铃薯及苹果片放在55～60℃烘箱中，恒温干燥，观察其干燥前后色泽的变化情况，并进行记载。

（二）叶绿素变化及护绿

（1）将洗净的原料各数条分别在 0.5% 碳酸氢钠、0.1% 盐酸、0.05% 醋酸锌溶液中浸泡 30min，捞出沥干明水。

（2）将经以上处理的原料放入沸水中处理 23min，取出立即在冷水中冷却，沥干明水。

（3）将洗净的新鲜蔬菜要沸水中烫 2~3min，捞出立即冷却，沥干明水。

（4）取洗净的新鲜蔬菜 4~5 条。

（5）将以上步骤（1）（2）（3）（4）处理的材料放入 55~60℃ 烘箱中恒温干燥，观察不同处理产品的颜色。

五、实训结果

记录经处理和未处理的各种原料烘干前后的色泽变化。

六、思考题

1. 常见的防止酶褐变得方法有哪些？
2. 热烫护色的原理是什么？
3. 抗坏血酸护色的原理是什么？

实训十一　果蔬制品中总二氧化硫的测定

一、实训目的

1. 了解二氧化硫在果蔬制品的作用。
2. 掌握二氧化硫含量测定的方法和步骤。

二、实训原理

果蔬在加工过程中广泛应用二氧化硫处理，不仅对于改进制品色泽和保存营养物质效果显著，而且是较长期保存原料、防止败坏变质的有效措施。但制品中二氧化硫含量过高，将会对人体产生有害影响，因此，对加工品中二氧化硫含量有一定的限制，GB 2760-2014《食品安全国家标准　食品添加剂使用标准》规定，竹笋、蘑菇及蘑菇罐头残留量不得超过 0.05g/kg；蜜饯、葡萄、黑加仑浓缩汁残留量 ≤0.05g/kg。

亚硫酸为还原剂，利用已知浓度的碘液使亚硫酸氧化，碘即被还原。

$$二氧化硫 + I_2 + 2H_2O \longrightarrow 2HI + H_2SO_4$$

当达到终点时，过量的碘与淀粉指示剂产生淡蓝色反应。样品中二氧化硫与某些有机物质结合后，不能被碘氧化，可用氢氧化钠处理，使二氧化硫与氢氧化钠结合再用硫酸使之游离。

$$2NaOH + H_2SO_3 \longrightarrow Na_2SO_3 + 2H_2O$$
$$Na_2SO_3 + H_2SO_4 \longrightarrow Na_2SO_4 + H_2SO_3$$
$$H_2SO_3 + I_2 + H_2O \longrightarrow H_2SO_4 + 2HI$$

三、材料与设备

1. 材料

经过二氧化硫处理的半成品或加工品、0.01mol/L 碘溶液、1.0% 可溶性淀粉、1.0mol/L 氢氧化钠，硫酸（1:3），碘化钾。

2. 设备

滴定管、250mL 三角瓶、10mL 与 25mL 吸管、研钵、分析天平。

四、实训步骤

1. 样品液制备　称取经过二氧化硫处理的果实加工品或半成品 10～20g 研碎，用蒸馏水 50mL 移入 250mL 三角瓶中，然后加入 1mol/L 的氢氧化钠 25mL，用瓶塞塞紧，放置 15min。

2. 滴定　在上述样品液中，加入 1:3 的稀硫酸 10mL 及淀粉指示剂 3mL，立即从滴定管中滴入 0.011mol/L 碘液，至浅蓝色 30s 不褪色为止，记下碘液用量。

3. 计算公式

$$W = \frac{V \times 0.00032}{m} \times 100$$

式中　W——100g（或 100mL）样品中二氧化硫，g

　　　V——消耗碘液的体积，mL

　　　m——样品质量（体积），g（mL）

0.00032——每毫升 0.01mol/L 碘液相当于二氧化硫的质量，g

4. 亚硫酸溶液的测定

吸取亚硫酸溶液 5mL，放入 200mL 的容量瓶中加水稀释至刻度。吸取 10mL 稀释的亚硫酸，加淀粉指示剂 3mL，摇匀。从滴定管中用 0.01mol/L 碘溶液滴定，至溶液呈浅蓝色 30s 不褪色为止。记下碘液用量。

五、实训结果

样品中总二氧化硫的含量按下式计算：

$$W = \frac{V_3 \times 0.00032}{V_1} \times \frac{V_2}{m} \times 100$$

式中　V_1——滴定时所用样品液的体积，mL

　　　V_2——样品液稀释后的总体积，mL

　　　m——样品质量（体积），g（mL）

　　　V_3——消耗碘液体积，mL

六、思考题

1. 计算所测样品中的二氧化硫含量。

2. 测定样品中的二氧化硫时为什么要加氢氧化钠？而测定亚硫酸时则不加氢氧化钠？

3. 测定二氧化硫过程中加入浓硫酸的作用是什么？加入时应注意什么？否则会产生什么影响？

实训十二 2,6-二氯酚靛酚滴定法测定果蔬中的维生素C

一、实训目的

学会利用2,6-二氯酚靛酚滴定法测定果蔬中维生素C的含量。

二、实训原理

维生素C是人类营养中最重要的维生素之一，缺少它时会产生坏血病，因此又称为抗坏血酸。它对物质代谢的调节具有重要的作用。近年来，发现它有增强机体对肿瘤的抵抗力，并具有对化学致癌物的阻断作用。

抗坏血酸

2,6-二氯酚靛酚
（蓝色）

2,6-二氯酚靛酚
（红色）

脱氢抗坏血酸

还原型2,6-二氯酚靛酚
（无色）

维生素 C 是具有 L 糖构型的不饱和多羟基物,属于水溶性维生素。它分布很广,植物的绿色部分及许多水果(如橘子、苹果、草莓、山楂等)、蔬菜(黄瓜、洋白菜、番茄等)中的含量更为丰富。

维生素 C(抗坏血酸)具有很强的还原性,能将染料 2,6-二氯酚靛酚还原成无色,而本身被氧化成脱氢抗坏血酸。

氧化型 2,6-二氯酚靛酚在酸性溶液中呈粉红色,在中性或碱性溶液中呈蓝色,当用此染料滴定含有抗坏血酸的酸性溶液时,在抗坏血酸未全部氧化前,则滴下染料立即被还原成无色,一旦溶淀中的维生素 C 全部被氧化时,则滴下的染料立即使溶液显示粉红色,此时为滴定终点,即表示溶液中的维生素 C 刚刚被氧化完全,从滴定时 2,6-二氯酚靛酚标准液的消耗量,可以计算出被检物质中维生素 C 的含量。

三、材料与设备

1. 材料

(1)新鲜的蔬菜、水果。

(2)标准维生素 C 溶液 准确称取 50mg 纯维生素 C,溶于 1% 的草酸溶液中,并稀释至 500mL,贮棕色瓶,冷藏保存,最好临用时配制。

(3)2% 草酸溶液 草酸 2g,溶于 100mL 蒸馏水中。

(4)1% 草酸溶液 1g 草酸溶于 100mL 的蒸馏水中。

(5)0.01% 2,6-二氯酚靛酚溶液 溶 50mg 2,6-二氯酚靛酚于 300mL 含有 104g 碳酸氢钠的热水中,冷却后加水稀释至 500mL,滤去不溶物,贮于棕色瓶内(4℃约可保存 1 周)。每次临用时以标准维生素 C 溶液标定。

2. 设备

锥形瓶、1mL 和 10mL 移液管、100mL 容量瓶、3mL 或 5mL 微量滴定管。

四、操作步骤

1. 提取

水洗净新鲜的蔬菜(水果),用吸水纸吸干表面水分,然后称取 5g 剪碎加 2% 的草酸 5mL,置研钵中研成浆,倒入 100mL 的容量瓶内,用 2% 草酸洗涤数次,最后定容至刻度,充分混匀后过滤,弃去最初几毫升滤液,如滤液色深可用白陶土脱色。

2. 滴定

(1)标定 2,6-二氯酚靛酚溶液的浓度 量取标准维生素 C 溶液 1mL,加 9mL 1% 草酸于 50mL 锥形瓶中,同时量取 10mL 草酸加入另一个 50mL 锥形瓶中作空白对照,用已标定的 2,6-二氯酚靛酚滴定至粉红色出现,15s 不褪色。记录所用的体积(以 mL 计),计算每 1mL 2,6-二氯酚靛酚所能氧化维生素 C 的质量。

（2）样品的测定　取 50mL 锥形瓶 2 个，分别加入滤液 10mL，用已标定的 2,6-二氯酚靛酚溶液滴定至终点，以微红色能保持 15s 不褪色为止，整个滴定过程宜迅速，不宜超过 2min，空白滴定方法同前，记录两次滴定所得的结果。

五、实训结果

根据实训数据计算出每 100g 样品的维生素 C 含量：

$$\text{维生素 C 含量}(mg/100g \text{ 样品}) = \frac{(V_1 - V_2) \times m_1 \times V}{m_2 \times V_3} \times 100$$

式中　V_1——滴定样品液所用去染料体积，mL

V_2——滴定空白所用去染料体积，mL

V_3——样品测定时所用滤液体积，mL

V——样品提取液的总体积，mL

m_1——1mL 染料能氧化维生素 C 的质量，mg

m_2——称取样品质量，g

六、思考题

1. 要测得准确的维生素 C 值，实训过程中应注意哪些操作步骤？为什么？
2. 在测定过程中，样品的草酸提取液为什么不能暴露在光下？
3. 简述维生素 C 的生理意义。

七、注意事项

1. 滴定时速度要尽可能快，因样品内一般都含有一些能将 2,6-二氯酚靛酚还原的其他物质，尽管它们还原染料的能力一般较维生素 C 弱。

2. 滴定所用染料要在 1~4mL，否则需增减样品量或将提取液适当稀释。

3. 维生素 C 易溶于水，也极易被氯化，故提取维生素 C 时，需抑制组织中氧化酶活力。2% 草酸可抑制该酶，1% 草酸则不能，三氯醋酸、偏磷酸、盐酸有同样功效。Fe^{2+} 能还原二氯酚靛酚，如用醋酸（8% 即可）则 Fe^{2+} 不会很快与染料起作用。

4. 样品提取液应避免日光直射，否则会加速维生素 C 的氧化。

5. 在生物组织内和组织提取物内，维生素 C 还能以脱氢抗坏血酸及结合抗坏血酸的形式存在。它们同样地具有维生素 C 的生理作用，但不能将 2,6-二氯酚靛酚还原脱色。

6. 在生物组织提取物中，常有色素类物质存在，给滴定终点的观察造成困难。应加入适量白陶土乳液进行脱色过滤后再滴定（4℃约可保存 1 周）。每次临用时以标准维生素 C 溶液标定。

项目九　食品添加剂实训

实训一　常用食品甜味剂、酸味剂及其性能比较

一、实训目的

1. 理解并比较几种常用食品甜味剂的性能，了解其复配性能。
2. 理解并比较几种常用食品酸味剂的性能。

二、实训原理

甜味剂是指赋予食品或饲料以甜味的食品添加剂。世界上使用的甜味剂很多，有几种不同的分类方法：按其来源可分为天然甜味剂和人工合成甜味剂；按其营养价值分为营养性甜味剂和非营养性甜味剂；按其化学结构和性质分为糖类甜味剂和非糖类甜味剂。

酸味剂是以赋予食品酸味为主要目的食品添加剂，给人爽快的感觉，可增进食欲，一般具有防腐效用，又有助于溶解纤维素及钙、磷等物质，帮助消化，增加营养。食品中天然存在的酸主要是有机酸，如柠檬酸、酒石酸、苹果酸和乳酸等。

三、材料与设备

1. 材料

蔗糖、糖精钠、甜蜜素、阿斯巴甜、安赛蜜、柠檬酸、苹果酸、酒石酸、乳酸。

2. 设备

电子天平、恒温水浴锅。

四、实训步骤

1. 几种甜味剂的性能比较

分别称取蔗糖 2.0g、糖精钠 0.2g、甜蜜素 0.2g、阿斯巴甜 0.2g、安赛蜜

0.2g，加入100mL水中搅拌溶解，比较它们的甜味与甜度。

分别称取糖精钠＋甜蜜素（1∶1）、糖精钠＋阿斯巴甜（1∶1）、糖精钠＋安赛蜜（1∶1）、甜蜜素＋阿斯巴甜（1∶1）、甜蜜素＋安赛蜜（1∶1）、阿斯巴甜＋安赛蜜（1∶1）各0.2g，加入100mL水中搅拌溶解，比较它们的甜味与甜度。

2. 几种酸味剂的性能比较

分别称取柠檬酸0.1g、苹果酸0.1g、酒石酸0.1g、乳酸0.1mL，加入100mL水中搅拌溶解，比较它们的酸味与酸度。

3. 糖酸比试验

请你设计试验过程和用量，比较不同种类、不同用量的甜味剂和酸味剂配合后的味感。

五、实训结果

1. 单一甜味剂的甜度大小比较结果。
2. 复合甜味剂的甜度大小比较结果。
3. 单一酸味剂的酸度大小比较结果。

六、思考题

1. 影响甜味、甜度的因素有哪些？
2. 影响酸味、酸度的因素有哪些？
3. 何为糖酸比？
4. 列出常见的酸味剂和甜味剂。

实训二　常用食品乳化剂及其性能比较

一、实训目的

理解并比较几种常用食品乳化剂的性能。

二、实训原理

乳化剂能促使两种互不相溶的液体形成稳定乳浊液的物质，是乳浊液的稳定剂，是一类表面活性剂。乳化剂的作用是：当它分散在分散质的表面时，形成薄膜或双电层，可使分散相带有电荷，这样就能阻止分散相的小液滴互相凝结，使形成的乳浊液比较稳定。

三、材料与设备

1. 材料

植物油、单甘酯、大豆磷脂、蔗糖酯、三聚甘油单硬脂酸。

2. 设备

高剪切匀浆机、电子天平、量筒、烧杯等。

四、实训步骤

1. 水溶性乳化剂试验

用量筒量取 100mL 水于 4 个烧杯中，分别加入单甘酯、大豆磷脂、蔗糖酯、三聚甘油单硬脂酸各 0.2g，用玻璃棒搅拌至溶解。用吸管分别吸取 3mL 植物油于装有水的 4 个烧杯中，搅拌均匀，静置。

2. 脂溶性乳化剂试验

用量筒量取 100mL 植物油于 4 个烧杯中，分别加入单甘酯、大豆磷脂、蔗糖酯、三聚甘油单硬脂酸各 0.2g，用玻璃棒搅拌至溶解。用吸管分别吸取 3mL 水于装有植物油的 4 个烧杯中，搅拌均匀，静置。

五、实训结果

上述乳化剂中水溶性乳化剂和油溶性乳化剂分别是哪几个？

六、思考题

1. 乳化剂的种类有哪些？在食品中的作用是什么？
2. 水溶性乳化剂和脂溶性乳化剂有哪些区别？

实训三　果冻加工

一、实训目的

1. 理解常用胶体凝胶性能及其在食品中的应用。
2. 掌握果冻产品品质评定。
3. 确定果冻配方及其制作工艺。

二、实训原理

果冻是以水、食糖和胶凝剂等为原料，经溶胶、调配、灌装、杀菌、冷却等工序加工而成，其中的胶凝剂可以是卡拉胶、魔芋胶、海藻酸钠、果胶、琼脂或明胶等。

三、材料与设备

1. 材料

卡拉胶、魔芋胶、瓜尔豆胶、白砂糖、柠檬酸、柠檬酸钠、柠檬酸钾、氯化钾、山梨酸钾、食用色素、食用香精等。

2. 设备

电子天平、恒温水浴锅、封口机、温度计。

四、实训步骤

1. 配方（%）

氯化钾	0.15	柠檬酸钠	0.05
糖粉	10	复配胶	0.5
山梨酸钾	0.01	食用色素	适量
柠檬酸	0.10	香精	适量

2. 工艺流程

胶体、糖粉→ 干混 → 溶胶 → 调配定容 → 杀菌、灌装 → 密封 → 冷却、凝胶 →成品

3. 操作要点

（1）干混　将胶体、糖粉充分混匀。

（2）溶胶　将胶体、糖粉混合物缓缓倒入 60～65℃ 的温水中，边加边搅拌，使之充分分散于水中，避免结块成团。然后再将其放至 90℃ 水浴中，边加热边搅拌 30min 左右使之充分水化溶解。

（3）调配定容　依次边搅拌边加入山梨酸钾、柠檬酸、柠檬酸钠、色素、香精等后定容至规定体积。

（4）杀菌灌装　于 90～100℃ 灭菌 10min 后灌装至包装容器内。

（5）冷却、凝胶　密封后在冷水中迅速冷却，使之形成凝胶。

（6）品质评定　对产品的持水性、弹性、脆性、口感等进行评定。

五、实训结果

对果冻进行感官评价，见表 9-1。

表 9-1　　　　　　　　果冻感官评价表

评价指标	感官评价	得分
色泽（20）	具有品种应用的色泽，且均匀一致，无斑点，无异常色	
滋味和气味（30）	具有品种应用的滋味和气味，无异味	
组织形态（30）	呈凝胶状，组织柔软适中，脱离包装容器后，能基本保持原有的形态。果冻中添加的其他食用固体原料应具有正常的组织形态	
杂质（20）	无肉眼可见的外来杂质	

六、思考题

1. 简述增稠剂的种类及作用？

2. 果胶、糖和酸的用量对果冻品质有什么影响？

实训四　明胶软糖加工

一、实训目的

1. 加深对明胶凝胶性能和凝胶糖果理论知识的理解。
2. 掌握明胶软糖制作及其产品品质评定。

二、实训原理

明胶是动物的皮、骨、肌腱和其他结缔组织中所含的生胶质，经部分水解后得到的高分子多肽聚合物，非常容易交织成不易断裂的链和网状结构，形成透明而富有弹性的凝胶。

明胶软糖是以明胶为胶凝剂，以白砂糖、淀粉糖浆或其他甜味料为主料，配合酸味剂、食用色素、香精等辅料，经加热熬煮、浇注成型等工艺制成的具有弹性和咀嚼性的糖果。

三、材料与设备

1. 材料

明胶、白砂糖、糖浆、柠檬酸、柠檬酸钠、食用色素、食用香精、淀粉等。

2. 设备

电子天平、恒温水浴锅、恒温干燥箱、淀粉模、煤气灶、温度计、筛子。

四、实训步骤

1. 配方（以 g 计）

白砂糖	100	柠檬酸钠	5.0
糖浆	100	柠檬酸钠	1.0
明胶	40		

2. 工艺流程

明胶、柠檬酸、柠檬酸钠等　　　干燥←淀粉盘
　　　　　↓　　　　　　　　　　↑
白砂糖、糖浆、水→溶糖→过滤→熬煮→混合→静置→浇模→冷却→出模→刷粉→上光→成品

3. 操作要点

（1）明胶 1∶1.15 加水后在 100℃ 水浴隔水溶化，成溶胶后保温备用。

（2）白砂糖加 30% 水加热溶解过滤后与糖浆混合，然后再继续熬煮。

（3）待糖液温度上升到 115~120℃ 时停止加热，冷却至 100℃ 左右。

（4）将明胶、柠檬酸、柠檬酸钠等和糖液混合，静置至泡沫上浮，去泡沫后将糖液浇入已干燥淀粉盘中。

（5）冷却 24h 后出模，将糖表面的粉刷去，涂上一层油，装袋。

（6）产品糖体呈半透明，富有弹性和咀嚼性，无皱皮，无气泡。成品水分 12%，总还原糖 >18%。

五、实训结果

对软糖进行感官评价，见表 9-2。

表 9-2　　　　　　　　　　软糖感官评价表

评价指标	感官评价	得分
色泽（20）	色泽均匀，无浑浊，有光泽，透明度高	
滋味和气味（30）	具有品种应用的滋味和气味，无异味	
组织形态（30）	表面光滑细腻，具有弹性和韧性，不粘牙	
杂质（20）	无肉眼可见的外来杂质	

六、思考题

明胶使用量对软糖品质的影响是什么？

实训五　常用食品着色剂性能比较

一、实训目的

1. 了解并比较几种常用食品着色剂对光、热、氧化还原、金属离子的稳定性。
2. 掌握颜色的调色原理，理解常见食品色泽的调配。

二、实训原理

以给食品着色为主要目的添加剂称着色剂，也称食用色素。着色剂按来源可分为人工合成着色剂和天然着色剂。合成色素有胭脂红、苋菜红、日落黄、赤藓红、柠檬黄、新红、靛蓝、亮蓝等。与天然色素相比，合成色素颜色更加鲜艳，不易褪色。

三、材料与设备

1. 材料

胭脂红或诱惑红、柠檬黄或日落黄、亮蓝或靛蓝。

2. 设备

烧杯、容量瓶、移液管、试管、试管架等。

四、实训步骤

1. 理论橙色的调配

配制0.1%胭脂红水溶液和0.5%柠檬黄水溶液，按红∶黄=1∶2（体积比）的比例将两种溶液混合，观察调配后的色泽。改变胭脂红和柠檬黄水溶液的调配比例，观察调配后溶液的色泽变化。

2. 理论紫色的调配

配制0.1%胭脂红水溶液和0.1%亮蓝水溶液，按红∶蓝=1∶2（体积比）的比例将两种溶液混合，观察调配后的色泽。改变胭脂红和亮蓝水溶液的调配比例，观察调配后溶液的色泽变化。

3. 理论咖啡色的调配

配制0.1%胭脂红水溶液、0.5%柠檬黄水溶液、0.1%亮蓝水溶液，按红∶黄∶蓝=1∶2∶2（体积比）的比例将三种溶液混合，观察调配后的色泽。改变胭脂红、柠檬黄和亮蓝水溶液的调配比例，观察调配后溶液的色泽变化。

五、实训结果

上述调配后的颜色分别是什么，对比后写出结果报告。

六、思考题

1. 颜色的调配原理是什么？
2. 着色剂的种类有哪些？分别说出不同着色剂在食品中的应用。

实训六　柑橘果胶的提取

一、实训目的

1. 学习从柑橘皮中提取果胶的方法。
2. 进一步了解果胶质的有关知识。

二、实训原理

果胶物质广泛存在于植物中，主要分布于细胞壁之间的中胶层，尤其以果蔬中含量为多。不同的果蔬果胶物质的含量不同，山楂约为6.6%，柑橘为0.7%~1.5%，南瓜含量较多，为7%~17%。在果蔬中，尤其是在未成熟的水果和果皮中，果胶多数以原果胶存在，原果胶不溶于水，用酸水解，生成可溶性果胶，再进行脱色、沉淀、干燥即得商品果胶。从柑橘皮中提取的果胶是高酯化的果胶，在食品工业中常用来制作果酱、果冻等食品。

三、材料与设备

1. 材料

柑橘皮（新鲜）、95%乙醇、无水乙醇、0.2mol/L盐酸溶液、6mol/L氨水。

2. 设备

恒温水浴、布氏漏斗、抽滤瓶、尼龙布、表面皿、精密pH试纸、烧杯、电子天平、小刀、真空泵。

四、实训步骤

1. 前处理

称取新鲜柑橘皮20g（干品为8g），用清水洗净后，放入250mL烧杯中，加120mL水，加热至90℃保温5~10min，使酶失活。用水冲洗后切成边长3~5mm的颗粒，用50℃左右的热水漂洗，直至水为无色，果皮无异味为止。每次漂洗都要把果皮用尼龙布挤干，再进行下一次漂洗。

2. 抽滤

将处理过的果皮粒放入烧杯中，加入0.2mol/L的盐酸以浸没果皮为度，调节溶液的pH 2.0~2.5。加热至90℃，在恒温水浴中保温40min，保温期间要不断地搅动，趁热用垫有尼龙布（100目）的布氏漏斗抽滤，收集滤液。

3. 过滤

滤液冷却后，用6mol/L氨水调pH至3~4，在不断搅拌下缓缓地加入95%乙醇溶液，加入乙醇的量为原滤液体积的1.5倍（使其中酒精的质量分数达50%~60%）。酒精加入过程中即可看到絮状果胶物质析出，静置20min后，用尼龙布（100目）过滤制得湿果胶。

4. 烘干

将湿果胶转移于100mL烧杯中，加入30mL无水乙醇洗涤湿果胶，再用尼龙布过滤、挤压。将脱水的果胶放入表面皿中摊开，在60~70℃烘干。将烘干的果胶磨碎过筛，制得干果胶。

五、实训结果

1. 记录提取果胶的颜色、状态。

2. 提取果胶的得率是多少？（测定依据：NY/T 2016—2011《水果及其制品中果胶含量的测定 分光光度法》）

六、思考题

1. 从橘皮中提取果胶时，为什么要加热使酶失活？

2. 沉淀果胶除用乙醇外，还可用什么试剂？

3. 在工业上，可用什么果蔬原料提取果胶？

实训七　甜橙香精油的提取

一、实训目的

通过实验掌握甜橙香精油的蒸馏提取方法。

二、实训原理

甜橙精油是天然优质的食用香精，常在高级饮料、糖果及人工香精的配制中使用。通过蒸馏法，将橙皮中的香味精油蒸馏出来，并用植物油脂溶解。

三、材料与设备

1. 材料

橙皮、精炼植物油。

2. 设备

蒸馏烧瓶、冷凝管、弯管、250mL 三角瓶、250mL 烧杯、酒精灯、分液漏斗、台秤、菜板、刀具。

四、实训步骤

（1）橙皮洗净，切成粉颗粒状。

（2）秤取橙皮 15~20g，样品置于蒸馏烧瓶中，加 80~100mL 的蒸馏水，接上蒸馏装置，在酒精灯上蒸馏 1~1.5h，蒸馏出的样品放入小烧杯。

（3）取 30~40mL 精炼植物油，与蒸馏出的油水混合物（甜橙香精油）一起置于分液漏斗，振荡 3~5min，待甜橙油完全进入植物油中，静止 10min，放出下部水分，得油溶性甜橙香精油。

五、实训结果

记录产品的颜色、流动性、透明度及香味。

六、思考题

简述香精油提取的方法有哪些？

实训八　乳化剂的性能测定

一、实训目的

1. 掌握常用乳化剂的性能。

2. 掌握判断食品乳化剂性能的方法。

二、实训原理

乳化剂在泡沫中的界面活性：一般在水和油相之间存在着很强的表面张力，即使高度搅拌，也不能使其相混合。通过添加一定的乳化剂，降低界面的表面张力，搅拌过程中使得空气较容易被搅打进去，可获得稳定性高的较多泡沫。因此，通过测量搅打后溶液形成泡沫的多少，可以测定乳化剂的性能。

乳化剂的乳化稳定性与它们和油脂的结合强度相关，结合强度越大，稳定性越好。当将乳化剂形成的乳浊液进行离心处理时，由于受到离心力的作用，乳化剂与油脂的结合程度会受到破坏，继而发生乳化剂与油脂的分离现象。根据离心处理后油脂的分层情况，可以判断乳化剂的乳化稳定性。

三、材料与设备

1. 材料

单硬脂酸甘油酯、花生油。

2. 设备

离心机、烧杯、量筒。

四、实训步骤

1. 乳化剂起泡性能的测定

起泡能力及其起泡稳定性测定：乳化剂和水、油的混合液（水：油 = 9：1），用高速组织捣碎机搅拌30s后，转入量筒中，马上测定泡沫高度，来表示起泡能力的大小。静止24h后再测其泡沫高度，观测其泡沫稳定性。

2. 乳化稳定性能研究

取水油混合物，按照油：水 = 1：9，加入1%的乳化剂，搅拌混合均匀，制备乳浊液，将乳浊液移至刻度离心管中，以4000r/min离心10~15min后读取乳化相体积，按照下式计算结果：

$$乳化稳定性/\% = \frac{乳化层高度}{液体总高度} \times 100\%$$

五、实训结果

1. 乳化剂起泡性能测定（泡沫高度）。
2. 乳化剂稳定性能测定（稳定性大小）。

六、思考题

1. 简述乳化剂的类型及特点。
2. 常见的乳化剂有哪些？

参 考 文 献

［1］陈平，陈明瞭. 焙烤食品加工技术［M］. 2版. 北京：中国轻工业出版社，2017.
［2］田晓玲. 焙烤食品加工技术［M］. 2版. 北京：化学出版社，2017.
［3］桂向东，林宇红. 焙烤食品加工技术［M］. 武汉：武汉理工大学出版社，2017.
［4］朱珠，梁传伟. 焙烤食品加工技术［M］. 3版. 北京：中国轻工业出版社，2017.
［5］余美健. 焙烤食品加工技术手册［M］. 北京：金盾出版社，2017.
［6］蔡晓雯，庞彩霞，谢建华. 焙烤食品加工技术［M］. 北京：科学出版社，2016.
［7］于海杰. 焙烤食品加工技术［M］. 北京：中国农业大学出版社，2015.
［8］李晓东. 蛋品科学技术［M］. 北京：化学工业出版社，2014.
［9］李灿鹏，吴子健. 蛋品科学与技术［M］. 北京：中国标准出版社，2013.
［10］蔡朝霞. 蛋品加工新技术［M］. 北京：中国农业版社，2013.
［11］张春晖. 酱卤肉制品新型加工技术［M］. 北京：科学出版社，2017.
［12］王存堂. 肉与肉制品加工技术［M］. 哈尔滨：哈尔滨工程大学出版社，2017.
［13］李建江，杨具田. 乳肉制品保藏加工［M］. 北京：科学出版社，2017.
［14］林春艳，李威娜. 肉制品加工技术［M］. 武汉：武汉理工大学出版社，2017.
［15］浮吟梅，赵象忠. 肉制品加工技术［M］. 2版. 北京：化学工业出版社，2016.
［16］刘媛. 肉制品加工工艺与配方［M］. 北京：化学工业出版社，2016.
［17］李晓东. 乳品工艺学［M］. 北京：科学出版社，2017.
［18］李春，刘丽波. 乳品分析实验指导［M］. 北京：中国轻工业出版社，2016.
［19］郭成宇，吴红艳，许英. 乳与乳制品工程技术［M］. 北京：中国轻工业出版社，2016.
［20］申晓琳，王恺. 乳品加工技术［M］. 北京：中国轻工业出版社，2015.
［21］杨贞耐. 乳品生产新技术［M］. 北京：科学出版社，2015.
［22］李晓东. 乳品加工实验［M］. 北京：中国林业出版社，2013.
［23］崔波. 饮料工艺学［M］. 北京：科学出版社，2017.
［24］蒲彪，胡小松. 饮料工艺学［M］. 北京：中国农业大学出版社，2016.
［25］严泽湘. 保健型饮料加工大全［M］. 北京：化学工业出版社，2016.
［26］杨红霞. 饮料加工技术［M］. 北京：重庆大学出版社，2015.
［27］曾洁，朱新荣，张明成. 饮料生产工艺与配方［M］. 北京：化学工业出版社，2014.
［28］（德）昆策. 啤酒工艺实用技术［M］. 北京：中国轻工业出版社，2017.
［29］程康. 啤酒工艺学［M］. 北京：中国轻工业出版社，2017.
［30］宗绪岩. 啤酒工艺学［M］. 北京：化学工业出版社，2016.
［31］何扩. 酒类生产工艺与配方［M］. 北京：化学工业出版社，2015.
［32］李华，王华，袁春龙，等. 葡萄酒工艺学［M］. 北京：科学出版社，2017.
［33］李华. 葡萄酒酿造与质量手册［M］. 杨凌：西北农林科技大学出版社，2017.
［34］葛亮，李芳. 葡萄酒酿造与检验技术［M］. 北京：化学工业出版社，2013.
［35］林洁，梁丽静. 白酒生产工艺与流程［M］. 合肥：合肥工业大学出版社，2013.

［36］马道荣，杨雪飞，余顺火．食品工艺学实验与工程实践［M］．合肥：合肥工业大学出版社，2016．

［37］樊明涛，张文学．发酵食品工艺学［M］．北京：科学出版社，2017．

［38］高文庚，郭延成．发酵食品工艺实验与检验技术［M］．北京：中国林业出版社，2017．

［39］赵长富，吴艳秋．发酵食品生产技术［M］．北京：中国农业大学出版社，2014．

［40］严泽湘．调味品加工大全［M］．北京：化学工业出版社，2015．

［41］张秀媛．调味品生产工艺与配方［M］．北京：化学工业出版社，2015．

［42］王鸿飞．果蔬贮运加工学［M］．北京：科学出版社，2017．

［43］祝战斌．果蔬储藏与加工技术［M］．北京：科学出版社，2015．

［44］张俭波．食品添加剂使用标准速查手册［M］．北京：中国质检出版社，中国标准出版社，2017．

［45］马汉军，田益玲．食品添加剂［M］．北京：科学出版社，2017．

［46］彭珊珊，钟瑞敏．食品添加剂［M］．4版．北京：中国轻工业出版社，2017．

［47］顾立众，吴君艳．食品添加剂应用技术［M］．北京：化学工业出版社，2016．

［48］郝利平．食品添加剂［M］．3版．北京：中国农业出版社，2016．

［49］宋小平．食品添加剂生产技术［M］．北京：科学出版社，2016．